イッキ討ち

勝者はどっちだ!?
ライバル車徹底比較

下野《かばた》康史《やすし》

二玄社

目次

本書の読み方

各対決で取り上げたクルマのスペック、価格、グレードラインナップは取材時点のものです。

現在とは異なる場合があります。

高給サラリーマンの
ファミリー・セダン選び

メルセデス・ベンツC200コンプレッサー

メルセデス・ベンツC200コンプレッサー・エレガンス：全長×全幅×全高＝4585×1770×1445mm／ホイールベース＝2760mm／車重＝1510kg／エンジン＝1.8ℓ直4DOHCスーパーチャージャー付（184ps/5500rpm、25.5kgm/2800-5000rpm）／トランスミッション＝5AT／駆動方式＝FR／乗車定員＝5名／価格＝450万円

VS

BMW 320i

BMW320i：全長×全幅×全高＝4525×1815×1425mm／ホイールベース＝2760mm／車重＝1480kg／エンジン＝2ℓ直4DOHC（150ps/6200rpm、20.4kgm/3600rpm）／トランスミッション＝6AT／駆動方式＝FR／乗車定員＝5名／価格＝411万円

メルセデス・ベンツC200コンプレッサー
VS
BMW320i

どんなクルマ？

Cクラス唯一の4気筒モデル

スポーティな〝アバンギャルド〟、「格調」の〝エレガンス〟。ふたつのグレードをはっきり色分けし、それぞれに専用のフロントグリルを与えた新型Cクラス。両グレードを通して、最も安いモデルが、C200コンプレッサーエレガンスである。同じパワーユニットのアバンギャルドより10万円安い。

エンジンは、日本仕様Cクラス唯一の4気筒。3桁の数字が排気量を正しく表していないのもこれだけで、1・8ℓのDOHCにインタークーラー付きスーパーチャージャーを組み合わせる。7段ATの7Gトロニックが付くV6モデルに対して、C200のATは5段型になる。

〝素〟だと450万円だが、試乗車には本革シート、サンルーフ、バイキセノン・ヘッドランプなど、80万円あまりのオプションが付いていた。ベンツビーエム

1割安いが、2割非力

2005年春の国内デビューから2年半あまりが経過したE90のベーシックモデル。新型Cクラスにも負けなかった全幅1・8m超のワイドボディに、バルブトロニックの2ℓ4気筒を搭載する。こちらもシリーズ唯一の4気筒モデルである。さらに3シリーズとしては唯一、5段MTも選択可能で、価格もそちらは400万円をきる。だが、今回はCクラスに合わせてATモデル（411万円）を取り上げた。

試乗車はこれにサンルーフのオプションが加わって、425万円になる。車両本体価格で比べると、C200コンプレッサーエレガンスより1割近く安いが、エンジンパワーは約2割少ない。でも、ATは1段多い。倹約家に見逃せない違いは重量税で、年間2万5200円のC200に対して、車重1・5トン以内に収まる320iは、1万8900円ですむ。C

の広報車ともなると、なかなか真のベーシック・グレードには乗せてもらえない。

クラスは、ベーシックなC200でも、サンルーフを付けると1510kgになってしまうのだ。

どっちが走れる？

薄味になった〝メルセデス・ライド〟

「アジリティ」という聞き慣れない言葉をキーワードに据えたのが、今度のCクラスである。愛犬家ならおなじみかもしれない。犬の競技会でスラロームをやらせたりする、あの種目がアジリティだ。「俊敏性」のことである。

最もベーシックなC200コンプレッサーエレガンスにも、その謳い文句はあてはまる。スポーティさを身上とするBMW320iから乗り換えても、身のこなしが軽い。パワーにまさる分、加速がより軽快なのは当然にしても、足まわりを中心にした走行感覚の軽やかさが際立つ。ひとことで言うと、キレがよくなっ

いい意味で古典的なドイツ車

100km/hから横一線で、Dレンジ・フルスロットルのヨーイドンをやってみると、320iはC200に歯が立たない。パワーはC200のほうが30ps以上まさり、馬力荷重でもかなり優位にあるのだから当然だろう。だが、高速の追い越し加速でこれほど差をつけられるのは、実はエンジンよりもむしろATのせいである。320iの6段ATは、アクセルを踏み込んでから実際にフル加速が始まるまでに数拍のタイムラグがある。その隙にC200はさっさと先行してしまう。それだけメルセデスの5段ATがいいのである。今回、ハードでいちばん差を感じたのはATだった。

メルセデス・ベンツC200コンプレッサー VS BMW 320i

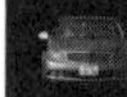

た、それが新型Cクラス全体の特徴といえる。
　サスペンションは320iよりソフトで、しかもよく動く。コーナリングで大入力を与えると、ストロークがヌルーっと出てくるが如きマジカルな〝メルセデス・ライド〟は健在だ。ワインディングロードを走って、とくにファン・トゥ・ドライブというわけではないが、操縦安定性はきわめて高い。
　ただ、ひとつ残念なのは、乗り心地に以前ほどのコクが感じられなくなってしまったことだ。旧型Cクラスと比べると、シャシー全体が少し薄っぺらになってしまったような印象がある。
　1.8ℓ4気筒スーパーチャージャーは、いかにもメルセデスらしいパワーユニットである。すなわち、必要十分なパワーを供給する以上の、余計な自己主張はしない。450万円のクルマなら、もう少しエンジンに〝華〟があってもいいような気はするが、おあいにくさまだ。Cクラスにそうした色気を多少でも期待するなら、C250以上のV6モデルになる。
　エンジンに目覚ましさはないが、ATはさすがメル

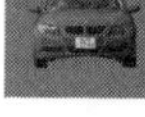

　とはいえ、トータルにみて、スポーティなのは、やはり歴然と320iのほうである。
　まず、足まわりが硬い。ランフラット・タイヤによる〝当たり〟の硬さもあるが、本質的にバネの硬さを感じさせる脚だ。快適性に大きく振ってきた新型M3よりずっと硬い。Mスポーツ・パッケージが付いているわけでもない素の320iがこんなに硬いのだから、BMWのスポーティさはつくづくDNAレベルだなあと、あらためて感心した。
　ステアリングを思いきって軽くしてきたCクラスと比べると、操舵力は〝昔のドイツ車〟のように重い。重厚な足まわりの印象とあいまって、なにか古典的な感じすらした。3シリーズを古典的などと感じたことはいままでなかったが、悪い意味ではない。そのへんがC200に対する320iの魅力といえる。このクルマはスポーティセダンとして、よくまとまっている。説得力がある。タイムが速いのはC200だろうが、遅くても、スポーツ・ドライビングの実感は320iのほうがはるかに味わえる。

セデスである。5段とはいえ、滑らかさも、変速のロジックも申し分ない。自動変速機という機械そのものの豊かさを感じさせてくれるATだ。

この5段ATのせいもあってか、燃費は320iよりわずかによく、約600kmを走って**10km／ℓ**ちょうどを記録した。

150psの2ℓ4気筒は、必要十分である。とりたててシュンシュン軽く回るわけでもないし、6気筒系のようなイイ音を聴かせてくれるわけでもない。BMWユニットとしてはこちらも〝華〟には欠けるが、硬い回り方などは、ベーシック3シリーズのエンジンと捉えると、なかなかイイ味を出している。

約400kmを走って、燃費は**9・8km／ℓ**だった。

どっちが実用的？

開けるとギャッ、なトランク

実用性という点でC200をみて、いちばん感心させられたのは、トランクの広さである。幅も奥行きも、320iよりひとまわり大きい。スペアタイヤなしの320iに対して、C200は床下にスペースセーバータイヤを置くのに、トランクルームの高さも320iに大きく負けていない。トランクリッドの開

自転車が積める！

C200でトランクに言及したから、320iでも触れておくと、こちらの芸はリアシートが6対4で左右別々に前に倒れて、トランクルームと貫通することである。操作レバーはトランク内の左右にあり、それを引くと、バネの力でパタンと背もたれが倒れる。そうやってトランクルームを後席にまで拡大させると、

口面積が大きいから、荷物の出し入れもしやすい。なにも320iと見比べなくたって、C200のトランクは、開けるとギャッと驚く広さである。

次に感心したのは、FRメルセデスの矜持とも言うべき小回り性のよさだ。ホイールベースはドンピシャリ同じ。ボディ全長はC200のほうが6cm長いのに、最小回転半径は320iより20cmも短い5・1mですむ。実際、路上や駐車場内でUターンすると、レレっと思うほど小回りがきく。しかも、ロック・トゥ・ロックは320iの3回転弱に対して2・75回転と少ないから、C200のステアリングはよくきれるだけでなく、クイックでもある。

最もベーシックなこのCクラスにも〝COMANDシステム〟が標準装備される。センターコンソールにあるコントローラーと7インチ・ディスプレイとの協調操作で、カーナビやAV機器を集中コントロールするものだ。BMWが最初にやって、メルセデスとアウディが追随した。そのなかで、さすがメルセデスと思わせるのは、一見さんでも操作がいちばんしやすいこ

スポーツサイクル1台なら、タイヤを外してラクに収納できる。自転車は、積めないか、もしくは積むもんじゃないのが相場のノッチバック・セダンとしては、非常にポイントが高い。後席背もたれ中央にスキーバッグが装備され、トランクから4組のスキーが入れられるのもC200にはない親切だ。いまどきスキーというのも古典的な感じはするけど。

乗り心地が硬いので、後席の走行インプレッションもしてみると、意外やリアシートでは前席ほど硬くなかった。タイヤが大きく上下する未舗装路面での乗り心地は、むしろ320iのほうがフラットで、よくなる。C200は悪路だと、タイヤがややドタバタして、メルセデスらしくない。

後席の居住性も意外だった。全長はC200より少し短いのに、膝まわりスペースは320iのほうが、こぶし1個分以上広いのだ。3シリーズのボディはナニゲに実用性も高いのである。

リアシートにはC200と同じく、3人分の3点式シートベルトとヘッドレストが装備される。だが、本

とである。ディスプレイに出る文字なども、ダサイほど大きくて見やすい。

当に横3人がけをするとなると、３２０ｉは背もたれ中央部が硬いので、Ｃ２００よりもツライ。

勝者

目標にされるだけのことはある

BMW 320i

Ｃクラスがベンチマークを BMW3シリーズに設定したと初めて公言したのは、２０００年に登場した2代目（Ｗ２０３）のときである。天上天下唯我独尊を旨としてきたメルセデスが、発表の席で他メーカーのクルマを名指しでライバル視したのは、モデルを問わずこれが初めてだったと思う。スゴイ人って、実はスゴイ素直なのかも、と感じ入ったものである。

3代目にあたる今度のＣクラスも、口には出さねど、さらに3シリーズへの照準を絞ってきたのは明らかだ。

メルセデスが、まさか正面きってアジリティ（俊敏性）なんて英語を持ち出すとは思わなかった。一般には聞き慣れない言葉だが、ぼくはすぐわかった。2年前に飼い始めた柴犬が、メスのくせにものすごくチョコマカしていて落ち着かないので、いっそのこと、競技会のアジリティ部門にでも出してみようかなと思っていたからだ。

新しいＣクラスは、たしかにシャシーのキレが増した。シューズの靴底を薄くしたような、だれにでもわかりやすい若々しい走行感覚を身につけた。その変化が、コクのあるメルセデス・ライドと多少、トレードオフになってしまったのは残念だが、なるほどアジリティが増したのは間違いない。デビュー直後にじっくり乗ったC300アバンギャルドSの経験でそう思った。

　今回のC200エレガンスも、基本的な印象は同じである。だが、320iとガチンコで乗り比べてみると、ライバルとの違いもまたはっきりした。すなわち、やっぱりCクラスはCクラス、3シリーズは3シリーズである。

　グレーのボディ色のせいか、真横からだと、C200エレガンスはトヨタ・プレミオのように地味に見えたのだが、実際、訴求対象の方向性も似ていると思う。

　このベーシックCクラスは、良質なセダンに長く乗り続けたいと考える熟年などに好適だ。運転はやさしく、親切心に富む。飛ばせば速いが、この4気筒エンジンだとあまり飛ばす気にならないし、させない。飛ばすと速いんだぞ、という闘志を封印して、ゆっくり走る。貯金はあるけど、無駄遣いはしない熟年的金銭感覚にも通じるものがある。それでいて、ボンネット先端にはスリー・ポインテッド・スターが屹立する。C200エレガンスは、理想的な「終《つい》のセダン」だと思う。

　とすると、個人的にまだC200エレガンスは早過ぎるので、ぼくは320iを選ぶ。

　ベーシック3シリーズといえども、このクルマはやはりスポーティセダンである。限界性能はC200に及ばないかもしれないが、走り出したとたん、〝スポーツ〟を感じさせる。その感じさせ方が、C200との比較ではやや古典的だったのも事実だが、クルマとしての色や香りはこちらのほうが濃い。同じ距離を走っても、心と体に〝運転実感〟がより強く残るのは320iである。C200エレガンスは、いいクルマで、疲れないが、残るものがない。3シリーズというよりも、日本車に似てきちゃったんじゃないの。

15年目のSM対決

三菱ランサー・エボリューションX

三菱ランサー・エボリューションX GSR：全長×全幅×全高＝4495×1810×1480mm／ホイールベース＝2650mm／車重＝1540kg／エンジン＝2ℓ直4DOHCターボ付（280ps/6500rpm、43.0kgm/3500rpm）／トランスミッション＝6AT／駆動方式＝4WD／乗車定員＝5名／価格＝375万6000円

VS

スバル・インプレッサWRX・STI

スバル・インプレッサWRX・STI：全長×全幅×全高＝4415×1795×1475mm／ホイールベース＝2625mm／車重＝1480kg／エンジン＝2ℓ水平対向4DOHCターボ付（308ps/6400rpm、43.0kgm/4400rpm）／トランスミッション＝6MT／駆動方式＝4WD／乗車定員＝5名／価格＝365万4000円

三菱ランサー・エボリューションX VS スバル・インプレッサWRX・STI

どんなクルマ？

「ねじれランサー」

車種再編で、既存のランサーからギャラン・フォルティス・ベースに生まれ変わったランエボの10代目。といっても、ランエボの名を与えるために、ボディやシャシーには大幅な見直しが施された。２８０psのパワーと43・0kgmのトルクを発生する2ℓ4気筒ターボも新設計である。そもそも、ランエボよりひとあし先に出たギャラン・フォルティスが、海外市場ではランサーと呼ばれる。日本だけで「ねじれランサー」現象が起きているわけだが、好意的に解釈すれば、ランエボがついに独立モデルになったともいえる。

左右後輪間のトルク配分を臨機応変に変えるＡＹＣを始め、濃厚な4ＷＤ制御がお家芸だが、新型にはさらに、ＶＷアウディのＤＳＧに似た湿式ツインクラッチの2ペダル式6段変速機が登場した。試乗車はそれを装備するＧＳＲで、本体価格は３７５万６００円。

トランクを切り落として戦闘力向上

国内では5ドア・ハッチバックに切り替わったインプレッサの3代目。4カ月後の２００７年東京モーターショーでデビューした新型ＷＲＸ・ＳＴＩも、セダンからホットハッチに生まれ変わった。輸出モデルにはセダンもあるが、リアのオーバーハングを詰めて、ラリー・フィールドでの戦闘力を上げたかったから、というのが、5ドア転向の正式コメントである。

ボディ外板は、フロント・ドア以外、すべて専用設計。さすがにフツーのインプレッサとは格違いの迫力をみせる。ランエボと比べて、最も大きなカタログ・アピールは、2ℓ水平対向4気筒ツインスクロール・ターボが、大台越えの３０８psに達すること。ただし、変速機は6段マニュアルのみ。2ペダル式ギアボックスの予定はいまのところないという。試乗車は主力の18インチ仕様で、３６５万４０００円。

どっちが走れる？

デートに使える戦闘機

意外や、新型ランエボの第一印象は、速さよりも快適性だった。もちろん速いのは言うまでもない。コーナリング性能も、とっくにボクの限界を超えている。だが、今度のランエボでいちばん変わったのは、パワーよりも〝マナー〟である。

かつて、出たてのⅨ（9代目）に乗ったとき、グイグイ揺すられるアナーキーな乗り心地にタマげた。「でも、ランエボがファミリーカーに使えたのは、せいぜいVまでだった」と、その当時の試乗記に書いた記憶がある。

それが今度はすっかり様変わりした。サスペンションは、実感として、よりしなやかに〝よく動く〟ようになり、乗り心地は格段に向上した。これならデートカーにだって使える。気持ちよく速いエンジンは、静粛性も滑らかさもランエボ史上最良で、アイドリング

300ps超の水平対向4気筒

プレス試乗会でWRX・STIに乗る前、「快適性をプレミアム・クラスにした」という説明があったので、耳を疑った。武闘派インプレッサには、これまでおよそ無縁だった惹句である。

だが、乗ってみると、たしかにウソではない。〝プレミアム〟は言い過ぎにしても、全体にカドが取れたのは間違いない。デートカーにはツライかもしれないが、亭主関白の御家庭なら、ファミリーカーとしての使用も、ギリギリありである。

ランエボに対するインプレッサのアドバンテージは、パワーである。最大トルク値は同じだが、出力はインプレッサが28psも上回る。しかも、車重は60kg軽い。その優位は、１００km／hからの横並びヨーイドンでも裏づけられた。

Dレンジ（ノーマル・モード）のランエボとアクセ

からウナるような獰猛さも消えた。こんなふうに書くと、まるでつまらないクルマになってしまったように聞こえるかもしれないが、そんなことはない。雑味が取れた分、韋駄天加速やコーナリング・マシンぶりを、より高い純度で味わえるようになった。ドライバーとのインターフェイスの点では、軽くクイックになったステアリングが、ランエボ全体の印象を大いに洗練させている。

ツインクラッチＳＳＴもすばらしい。重いペダルを踏む労力を省きながら、マニュアル変速機のダイレクト感はしっかり残した。かといって、一般的なシングル・クラッチによるマニュアルマチックだと消しきれない、変速時のつんのめり感や空走感はない。完成度もＶＷアウディのＤＳＧにひけをとらない。変速の滑らかさはゴルフＧＴＩ以上だと感じた。

ギアが繋がっているときも、ときに引きずるような強い直結感を与えるゴルフＧＴＩに対して、ランエボはもう少しマイルドである。日本の渋滞事情を考慮したチューンといえる。Ｄレンジで3段階の変速モードが選べるのは、ＤＳＧにはない付加価値だ。トップエル全開加速を比べると、インプレッサは6速トップからひとつ飛ばしの4速に落とせば勝てる。相手はキックダウンして3速に落ちるが、完勝といっていいほどインプが先行して逃げ切る。実際やってみるまで、まさかこんなに差がつくとは思わなかった。

エンジンは、静粛性や滑らかさの点でランエボほど洗練されていないが、ちょっとザワザワした感じのスポーティな水平対向〝らしさ〟はある。ランエボはマニュアル・モードで引っ張っても７５００回転止まりだが　こちらは８０００回転まで豪快に回る。

ワインディングロードでの速さは甲乙つけがたい。操縦感覚の違いを少し誇張して表すると、柔のランエボに対して、剛のインプレッサだろうか。ただし、路面や速度を問わず、乗り心地の快適性はランエボに及ばない。荒れた路面だと、インプレッサはバネ下がかなりドタバタするし、ボディの剛性感も少し落ちる。そういうところは、まだ体育会系のマナーが色濃く残っている。2台とも、今回のモデルチェンジで快適方向に振られたのはたしかだが、伸びシロはランエボのほうが大きいというわけだ。

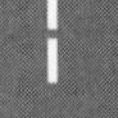

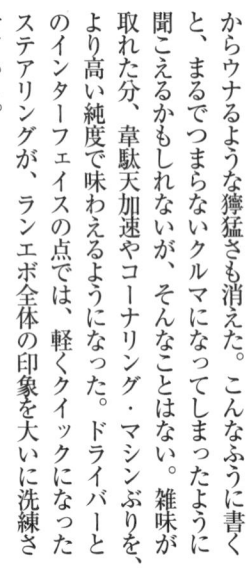

ンドに近いハイレブをキープし続ける最もスポーティなモードは、使い道がわからなかったが、中間の〝スポーツ・モード〟は、ワインディングロードを流したいときや、峠からの長い下りなどで有用だ。

燃費はインプレッサのほうがいいようだ。ワンデイ・ツーリングで約３００㎞を走り、７・１㎞／ℓを記録する。ほぼ同じ行程で、ランエボは６・０㎞／ℓにとどまる。

どっちが快適？

サンデー・トライアルマシン

ランエボXのGSRは、５段MT（そう、６段ではない！）で約３５０万円。ツインクラッチSST仕様は約３７５万円する。

さらに試乗車にはプレミアム・パッケージが付いていた。ビルシュタイン・ダンパー、アイバッハ・コイルスプリング、ブレンボ製フロント・ブレーキ、BBS18インチ鍛造アルミホイール、スタイリッシュ・エクステリア、レザーコンビネーション・インテリアなどをセットにした約50万円のセット・オプションであ

ハッチバックの有利

本体価格３６５万４０００円のWRX・STIも、18インチ・ホイールをBBSの鍛造に換え、シートをレカロにすると、それだけで約４００万円になる。でも、２５０psのVWゴルフR32が４２６万円もすることを考えれば、日本人であることを素直に喜ぶべきだろう。

予想したとおり、ボディがハッチバックに変わったことを嘆くファンは多いらしい。たしかにこれまで、トランクの上はド派手なリアウイングのステージでも

る。ここでシメても約425万円。さらにカーナビを付ければ、30万円近くのアップだ。つくづくランエボも高くなりにけり、である。

それを考えると、快適性をたぐり寄せた今度のモデルチェンジはまったく正しい方向性といえるだろう。2ペダルのツインクラッチSSTなら、ウィークデイは奥さんも運転する買い物ぐるま、週末は待ちに待ったお父さんのSSトライアルマシン、といった広い用途がカバーできる。

プレミアム・パッケージに付くフロントのレカロは、スポーツ性と高級感を両立させたシートである。レカロならではの上等な座り心地と、でしゃばり過ぎないホールド性とを兼ね備える。

リアシートのアメニティも、400万円級のセダンとして不満はとくにない。バッテリーとウォッシャータンクをエンジンルームから移設したために、トランクルームの奥行きが70cmしかないことが実用面では気になるところだが、よりによってランエボのオーナーなら目くじらを立てたりはしないだろう。

あった。だが、ハッチバック化で日常の実用性が向上したのは間違いない。スポーツ自転車のような嵩《かさ》モノは、断然、積みやすくなった。タイヤやホイールを積み込んで、ジムカーナ的な週末スポーツ・イベントに参加するのでも、ハッチバックのほうがはるかに使い勝手がいいはずだ。

オプションのバケット・タイプシートは、ランエボと同じくレカロ製である。だが、このレカロ対決は、インプレッサのほうが負けている。高さ調整がきくシート・リフターはランエボにはない装備だが、座面が妙に柔らかすぎて、レカロのありがたみが薄い。実際、背もたれの刺繍に気づくまで、レカロ製だとは思わなかった。

エンジンの始動・停止は、どちらもキーレス方式で、ランエボはノブを回す式、インプレッサはプッシュボタンである。そのボタンを始め、スイッチ類にはトヨタとの共通部品が目立つようになった。車内のニオイまでトヨタ車と同じになったのは、ちょっとショックである。ワタシはトヨタ車の車内臭が苦手だ。

勝者

2ℓスピードキング＋いいクルマ

三菱ランサー・エボリューションX

1992年に始まったホモロゲ・スペシャルのSM対決。個人的な好みを言うと、概してS（スバル）のほうが好きだった。水平対向エンジンには、やはり明快な個性があるし、ある時期まで、インプレッサのほうが乗り心地がよかった。パワーや操縦性がクルマの体力だとすると、乗り心地というのは、〝気立て〟だと思う。気立ての悪いクルマは、イヤである。水平対向エンジンは縦置きだから、横置きレイアウトよりもフロント・サスペンションのアームが長くとれる。ストロークが稼げるので、乗り心地もよくなるのだ、というエンジニアの説明に納得した。しかし、それもだいぶ前の話だ。

WRC（世界ラリー選手権）のトップ・カテゴリーがWRカーでの争いになって以来、ランエボもインプレッサWRXも、かつてのようなホモロゲーション・モデルとしての存在意義を失っている。グループA時代の強い縛りは解かれ、WRカーははるかに〝なんでもあり〟のカテゴリーになったからだ。ランエボに至っては、欠陥車隠しによる業績悪化以来、ワークス参加もしていない。

そんなふうに、ハシゴを外されたり、もしくは、自分でハシゴを降りたりした。となると、いつまでも高性能チキンレースばっかりじゃ、どうなの。という反省があったのかどうか、SM対決15年目に登場した新型は両者ともに快適性や実用性にかつてなく意を注いでいる、というのが全体の印象である。

パワー・オタク×トラクション・オタクみたいなこの2台でワインディングロードを一生懸命走ると、ぼくの場合、いつからか体のフィジカルがクルマの性能に負けるようになった。運転しながらキモチわるくなる。アゲっぽくなってしまうのだ。そういうアンカンファタブル・トゥ・ドライブな気分を、うれしいことに今度は味わわずにすんだ。どっちも気持ちよく走れた。乗り心地や静粛性が向上して、快適性に人心地がつき、剥き出しの好戦的キャラが頭を引っ込めたからだと思う。

なかでも、とくに進境著しいのはランエボである。最初に公道で経験したのは助手席だったのだが、エッ、これがランエボ⁉と疑いたくなるほどマナーがよくなっていた。

そんな驚きはステアリングを握っても、リアシートに移っても、変わらなかった。2ℓスピードキングとしての楽しさを失なわずに、〝いいクルマ〟としての資質も身につけた。すごくいいクルマになったけど、つまらなくなっちゃった新型BMW・M3（E92）とは対照的である。

具体的なメカで最も感心したのは、ツインクラッチSSTだ。同工の2ペダル変速機を、VWアウディのDSGで初めて経験したときも、こりゃもう、フツーのMTは左足の踏み損だなと思ったが、ランエボのこれも同じである。フェラーリのF1ギア、アルファのセレスピード、BMWのSMGなど、数あるシングル・クラッチのマニュマチックより、スポーツ性も快適性もずっと上。高付加価値MTと呼びたい。ライバルがこれほど完成度の高い2ペダルを出してきた以上、スバルも手をこまねいているわけにはいかないはずだ。

そんなわけで、軍配はランエボにあげる。

ときめく？ それとも微笑む？

日産スカイライン350GT

日産スカイライン 350GT typeSP：全長×全幅×全高＝4755×1770×1450mm／ホイールベース＝2850mm／車重＝1610kg／エンジン＝3.5 ℓ V6DOHC（315ps/6800rpm、36.5kgm/4800rpm）／トランスミッション＝5AT／駆動方式＝FR／乗車定員＝5名／価格＝380万1000円

VS

レクサスIS350

レクサス IS350 version L：全長×全幅×全高＝4575×1795×1430mm／ホイールベース＝2730mm／車重＝1600kg／エンジン＝3.5 ℓ V6DOHC（318ps/6400rpm、38.7kgm/4800rpm）／トランスミッション＝6AT／駆動方式＝FR／乗車定員＝5名／価格＝525万円

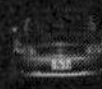

日産スカイライン350GT VS レクサスIS350

どんなクルマ？

4輪ステア復活のV6二世代目

「いや、みなさんが思っているよりずっとスカイラインですよ」。国内の月販目標は、控えめな1000台。一方、対米仕様のインフィニティG35はその4～5倍売れる。軸足はインフィニティでしょと水を向けると、チーフエンジニアから返ってきた答がそれだった。

たしかにこんどのスカイライン、エンジンひとつとっても、意外や武闘派だ。2・5ℓと3・5ℓのV6は、ほぼ新設計と言えるほど手が加えられ、エンジン名の末尾には性格づけを端的に示す〝HR〟が付いた。「高回転」の英頭文字である。レブリミットは9000回転上がり、パワーは3・5ℓで一気に43psも向上し、315psを得る。280ps規制撤廃後、初の新型は当然、史上最強のスカイラインでもある。

試乗車はその350GT系のトップモデル、タイプSPで、価格は380万1000円。

LS460以上の動力性能

2005年9月に国内デビューしたレクサスのプレミアム・コンパクトセダン。スカイライン同様、2・5ℓと3・5ℓがあるが、今回はスカイライン350GTに合わせて、IS350を選ぶ。

エンジンは、ひとクラス上のGS350と同じ3・5ℓのD4-S。筒内直噴＋ポート燃料噴射のV6で、318psを発生する。最大トルクは38・7kgm。アウトプットはスカイライン350GTの追っ手をいずれも振り切る。5kg／psそこそこのパワー・ウェイト・レシオといえば、LS460をわずかに凌ぐが、けっしてハイパワーセダンとして売らないところは、さすがレクサスというべきか。

試乗車はIS350のなかでも最もプレミアムな350バージョンL。価格はスカイラインとはクラス違いといってもいい525万円になる。

どっちが速い？

速い、荒い、刺激的

機械的摩擦抵抗や排気抵抗を減らして、〝回るエンジン〟に仕立てたという触れ込みは、ウソじゃない。VQ35HRはビンビンよく回る。5段ATのSモードで引っ張ると、タコメーターの針は7800回転あたりにへばりつく。回転フィールはとくにスイートというわけでもないが、けっして〝回るほう〟じゃなかったあのVQエンジンをよくここまで磨いたなあという感心量のほうが大きい。

アイドリングでは、けっこうウナる。回転のキメの細かさも、IS350の直噴V6には及ばないが、スカイラインらしさという点ではイイと思う。実際、レクサスから乗り換えて走り出した途端、刺激があるなあと感じるのは、このエンジンの存在感によるところが大きい。

なにしろ5kg／psそこそこの馬力荷重とあって、馬鹿っ速いセダンであることは間違いない。ただ、アク

速い、静か、刺激なし

IS350のV6は、とにかく静かで滑らかだ。GS350と同じエンジンを、130kg軽いボディに載せたのだから、イタリア車なんかじゃゆめゆめ放っておかない演出のようなものがあるはずだと期待すると、肩すかしを食らう。

そのためフト忘れがちだが、全力加速を試みれば、おそろしく速い。100km／hからスカイラインと横一線でヨーイドンしてみると、最初は僅差でも、スピードが上がるにつれて、その差を広げていった。やる前は、てっきりスカイラインのほうが速いと思っていた。「ほほえむプレミアム」は、「ほほえむ高性能」でもある。ATもひそやかだ。こちらは6段で、スカイラインよりステップが細かいだけでなく、変速ショックも小さい。

スムーズなだけで、おもしろみがないエンジンに乗ったとき、ぼくはよく〝モーターのようだ〟と形容

日産スカイライン350GT

セルを踏んだ直後の、急激なトルクの立ち上がりかたは、少々やりすぎだ。日産製高性能車にありがちな〝グワっとくる加速感〟は、フーガのような高級車にすらみられる。電制スロットルだから、アクセル・レスポンスのマップは人間が描いている。スカイラインも好きでやっているのだろうが、「魅惑・洗練・高性能」という開発テーマの2番目にはそぐわない。

VS

レクサスIS350

するが、ISの3・5ℓV6は、そこまで無機質ではない。けれども、静かで滑らかだったということ以上に読後感のようなものが残るエンジンでもない。でも、メーカーとしては「スポーツセダン」と呼ばれるのもおそらくいやなのだろうから、これでいいのだろう。

約350kmを走り、燃費は**7・3km／ℓ**。一方、スカイラインは**7・0km／ℓ**だった。

どっちがファン？

コントローラブル

試乗車には4輪アクティブ・ステアリング（4WAS）が付いていた。可変ギアレシオのステアリングと、最大1度まで同位相に切れる後輪アクティブ・ステアリングを組み合わせた約14万円のオプションだ。

初めて4WAS付きスカイラインで峠道を走ったとき、アクティブ・ステアリング付きのBMW335i

ナチュラル

スカイラインに較べると、IS350のコーナリング・マナーは実に如才ない。試乗車は豪華志向のバージョンL。350GTが相手なら、スポーツ・サスペンション＋18インチのバージョンSのほうが適役だったはずだが、なんのなんの、Lでもなんら問題ない。当たりのソフトな乗り心地は、たしかにラグジュア

にそっくりだ!と思った。ステアリングがクイックで、すごくよく曲がる。基本的にオン・ザ・レールだが、ペースが上がって、そこから踏み外しても、コントローラブルで、こわくない。クルマが勝手にやるアクティブ領域のナチュラルさの点では、335iにやや及ばないが、それでも、車重1・6トンのハイパワーFR車にして、ワインディングロードではかなりファン・トゥ・ドライブである。

ただ、そうした場面でも気になったのは、先述のグワっと大げさに反応しすぎるスロットル・レスポンスである。さらにATの調教も万全とは言えない。左パドルでシフトダウンを命じると、ブリッパーが働いて、回転合わせをするが、その際の〝中ぶかし〟が強すぎて、せり出すようなショックが出ることがある。それやこれやで、コーナリング時の挙動が微妙にギクシャクしがちなのだ。基本イイのだが、惜しい!のである。

リー系だが、ワインディングロードで大入力を与えると、IS350はハイレベルなスポーツセダンである。

ストローク感豊かなサスペンションは、こうした場面でも、エンジンに負けず劣らず、スムーズだ。テールハッピーなのはむしろスカイライン以上で、限界を超えると、けっこう後輪がズルリとくる。しかし、それからの収束がすばらしく自然だ。アンチスピン制御の介入も、スカイラインよりナチュラルである。おかげで、きれいに速い。

ステアリングは、スカイラインより軽い。パドルシフトも、作動の固すぎるスカイラインより軽い。タッチのよさは傑出している。

あえて難癖をつけるとすれば、カーブの連続を見ても、あまり飛ばす気にならないことだろうか。飛ばせばすこぶるつきで速いのに、その気にさせるフェロモンが出ていない。スカイラインは出ている。そんな違いがある。

日産スカイライン350GT VS レクサスIS350

どっちが快適？

アメリカ人が好む日本仕様

試乗車はシルキーエクリュという内装だった。ダッシュボードは薄いグレー、レザーシートはアイボリー。室内の雰囲気は明るい。

ダッシュボードやドア内張りに走る化粧パネルには、和紙の質感を模したという新趣向のアルミプレートが使われている。こういうところは、インフィニティ効果というか、インフィニティのおすそ分けというか。いずれにしても、ワルくない内装だと思う。ティアナのインテリアほど上品ではないが、フーガほど下品ではない。昔のスカイラインのような汗臭さはもはやどこにもない。

パドルシフトは、ステアリングコラムに固定される据え置き型。ハンドルを回しても、同じ場所にある。フェラーリと同じだ。しかも、プラスチックより20倍はコストがかかったというマグネシウム製である。夏

アメリカ人も好む日本仕様

ISはコンパクトなレクサスである。レクサスのフラッグシップはLSだが、いまどきあんなデッカイのいらない、という賢人のためのレクサスだ。とすると、たしかにそういうクルマにはなり得ていると思う。

ドアレバーを手前に引き、ドアを開ける。そこまでのあいだに伝わる品質感だけでも、なるほどスカイラインより上等だ。室内外で目に触れるものすべて、少しずつ余計におカネがかかっている感じがする。本革シートのレザーなども、しっとり湿った質感で、より高級だ。同じ3・5ℓのセダンでも、こっちは150万円近く高いのだから、当然といえば当然だが。

シートといえば、レクサスの通例で、当たりはソフトである。どのレクサスに乗っても、畳に座っているみたいな座り心地だなあと思う。硬くして、座面分布を均一化させることでドライバーを疲れさせないドイ

場の炎天下駐車で高温になることを考えて、指の接触面に革が貼られてしまったのは残念だが、それよりも、パドルシフトは作動時のクリック感をもっと軽くしてもらいたいと思った。そういうところも、惜しい。

ボディ全長が18㎝も長いだけあって、室内はＩＳ350よりずっと広々している。とくにリアシートは膝まわりも頭上もたっぷりで、大型ファミリーに向く。


ツ車のシートとは、明らかに流儀が違う。しかし、こういうところも、レクサスの矜持なのだろう。

もともと股上《またがみ》の深いボディであることに加え、サイドフォルムはかなり強いウエッジシェイプである。ガラス面積は大きくないから、室内にスカイラインのような開放感はない。とくに後席は、クーペセダン的な居住まいだ。

勝者

スカイラインに反応する自分でいたい

日産スカイライン350GT

20代、30代は迷わずミニバンを選ぶようになった。若いころクルマ好きだった中高年層は、メルセデスやＢＭＷに乗るようになった。スカイラインが昔のように売れなくなったのは、ざっと言えばそんな理由ではないかとぼくは分析している。

Ｒ32、Ｒ33、Ｒ34と来たのに、その流れとはどう考えても繋がらない先代モデル、Ｖ35が出たとき、にわかにスカイライン真贋論争が勃発した。だが、「テールランプが丸くないスカイラインなんて、スカイラインじゃない！」と悲憤慷慨したのは、いまはちゃっかりＢＭＷの3か5に乗っているおじさんたちだった。もしくは、かつてスカイライン特集を組むたびに売り上げ部数でおいしい思いをした自動車専門誌、くらいのものだったのではないか。

先代に続いて、インフィニティ顔で登場した新型スカイラインを初めて箱根で走らせたとき、335iに似てる！と思った、とは、各論で書いたけれど、本当に無邪気なほどよく似ている。開発者に尋ねる前から、これだけベンチマークがわかりやすかった新型車も珍しい。BMWに行ってしまったお客を呼び戻すなら、BMWに似たクルマをつくる。それはたしかにスジではある。

スカイラインがBMWなら、IS350はメルセデスだなあと、今回の比較試乗中、ずっと考えていた。端的に違いを説明しよう。BMWは「レースが好きな人」のクルマである。メルセデスは「レースをやっている人」のクルマだ。実際、世界中のレーシングドライバーのマイカー調査をしたら、BMWよりメルセデスのオーナーのほうがずっと多いはずである。仕事でレースをやっているのだから、ふだんのクルマに〝刺激〟はいらないよ、と。

でも、あいにくぼくはレースを見るだけなので、スカイラインに軍配をあげる。欠点はIS350より多いが、スカイラインには刺激がある。ちょっとかっこよく言うなら、クルマ好きとしては、レクサスよりスカイラインに反応する自分でいたい、のである。

IS350は、まさに「能あるタカはツメを隠す」のクルマだが、能があるなら、ふだんからツメがチクチクするクルマのほうが楽しいし、結果的に〝安全〟でもあると思う。それと、IS350は、やはりこの価格がいかがなものか。オプション込みで、ほぼ600万円。素のボクスターが余裕で買える。ロータス・エリーゼも買える。ISはレクサス品質そのままの250のほうがいいし、十分である。

白ナン・コンパクトカーか、
黄ナン・ミニ・ミニバンか

マツダ・デミオ13C

マツダ・デミオ 13C：全長×全幅×全高＝ 3885 × 1695 × 1475mm ／ホイールベース＝ 2490mm ／車重＝ 970kg ／エンジン＝ 1.3 ℓ 直 4DOHC（91ps/6000rpm、12.6kgm/3500rpm）／トランスミッション＝ 5MT ／駆動方式＝ FF
乗車定員＝ 5 名／価格＝ 120 万円

VS

ダイハツ・ムーヴ・カスタムRS

ダイハツ・ムーブ・カスタム RS：全長×全幅×全高＝ 3395 × 1475 × 1615mm ／ホイールベース＝ 2490mm ／車重＝ 880kg ／エンジン＝ 0.66 ℓ 直 3DOHC ターボ付（64ps/6000rpm、10.5kgm/3000rpm）／トランスミッション＝ CVT ／駆動方式＝ FF ／乗車定員＝ 4 名／価格＝ 155 万 4000 円

マツダ・デミオ13C

VS

ダイハツ・ムーヴ・カスタムRS

どんなクルマ？

1トンきって、最安重量税

2007年7月のモデルチェンジ以来、好調な出足のデミオ。3代目の新型は、走りと環境性能の向上を狙って、軽量化に傾注したのが大きな特徴だ。ボディ全幅は5ナンバーいっぱいに広がったが、設計段階から重量削減に目を光らせた結果、1・3ℓと1・5ℓ、計11車種のうち8モデルを白ナンバー車で最も重量税の安い1トン以下に収めた。ヴィッツより車重は完全に1階級下。先のマイナーチェンジで中心モデル（1・2ℓ）を1トン以下に絞ったスズキ・スイフトよりさらに徹底した軽量路線といえる。ハード性能からの要求もさることながら、なによりこの御時世、軽自動車の安い維持費を見据えてのことに違いない。

新型の技術的ハイライトはミラーサイクルの1・3ℓ＋CVTの組み合わせだが、今回はコンベンショナ

200万円級の軽自動車

2006年秋のフルチェンジ以来、スズキ・ワゴンRと熾烈なベストセラー争いを演じるムーヴ。機能的でクリーンなフォルムは〝けれんみ〟がなさすぎていかがなものか、なんて心配は余計なお世話だった。軽最大の室内長／幅を目指した結果、新型プラットフォームのホイールベースは2490㎜に達する。これは50㎝近く全長の長いデミオと奇しくも同一だ。

試乗車はカスタムRS。〝男モノ〟なカスタム・シリーズの最強モデルである。64psの3気筒DOHCターボにCVTを組み合わせる。2インチアップの16インチ・ホイールを履き、前後にスタビライザーを備えた専用ローダウン・サスのRSに、なぜかMTの設定はない。

価格は軽どころか〝重〟である。デミオとはクラス違いの155万4000円。さらにプリクラッシュ・

ルな1・3ℓ、それもMTモデルを選んだ。価格はATと同じ120万円。快適装備を充実させたセットオプションを備える試乗車は132万3900円。

セーフティ・システムなどの高額オプションを備えた試乗車は、絶叫の195万3630円。ムーヴ・レクサスか！

どっちがファン？

いつでもどこでも楽しい

車重970kg。シリーズ最軽量の13Cマニュアル仕様（ATより10kg軽い）で走り始めると、まず最初に感じ入ったのは、足まわりのよさである。軽量コンパクトカーというスペックからは予想しなかった豊かなストローク感が、このサスペンションにはある。車重が軽いというよりも、バネ下重量の軽さを感じる。おかげで、乗り心地はしっとりしていながら、かろやかだ。荷が軽いというか、重荷を背負っていないというか、足まわりに〝まだぜんぜん余裕がある〟感じが

直立不動で曲がっていく

ムーヴに乗っていて、いちばんスッゲーと思ったのは、高速巡航中だった。眠気を催すほど〝走り〟が落ち着いている。舗装の継ぎ目の乗り越しで、床にワナワナっとかすかな震えを感じたりはするのだが、そんなのは各論で、「総論、しっかり」している。狭小住宅のように狭いエンジンルームに収められた3気筒ターボは、そんな冷遇にもかかわらず、とても静か。スピードリミッター作動点直前まで速度を上げても、けっしてうるさくない。

マツダ・デミオ13C

するのである。べつにハンドリングコースへ行って大入力を与える必要はない、高速道路を流しているだけで気持ちいいのは、詰まるところ、こうした足まわりのキャラクターによるものと思われた。

６６００回転まで回る91psの１・３ℓ４気筒も、この足まわりによく合っている。とくに力強いエンジンではないが、高回転まで回せば十分に速い。静粛性や滑らかさなどのマナーも問題ない。５段ＭＴの２速は、レブリミットまで回すと１０２km／hに達し、痛快な料金所ダッシュが楽しめるし、峠道でも〝使いで〟のあるギアである。燃費も優秀で、約３００kmを走り、**14・9km／ℓ**を記録した。

エンジンでひとつ気になったのは、アイドリングから低回転にかけてのトルクがかぼそいことである。発進時のクラッチミートで気を抜くと、一瞬つんのめって、エンストしかかる。撮影が終わって、湖の湖畔から駆け上がる急坂を２名乗車で登ったら、ローでもぜんぜん加速しなくて困った、という報告もあった。キックダウンですぐに高回転へもっていってくれるＡ

VS

ダイハツ・ムーヴ・カスタムRS

シリーズ最強のカスタムＲＳ！と期待したほどの速さは感じなかったが、１００km／hからデミオと横一線ヨーイドンを試みても、善戦した。４速に落としたデミオと、加速はほぼ互角。向こうが３速にシフトダウンしても、サラリと置き去りにされるような大差はつかない。こっちはＣＶＴだから、Ｄレンジでアクセルを踏みつけるだけである。

シェイプアップした猫足のようなデミオと比べると、ムーヴの足まわりは硬い。ノーマルより15㎜ローダウンしたサスに16インチのゴーマルを履いていても、乗り心地が悪くないのは大したものだが、硬めには違いない。

おかげで、ロールはよく抑えられている。しかし、それがやや突っ張ったような不自然な印象を与えてもいる。自然に傾くデミオから乗り換えると、直立不動のまま曲がるような感じがするのだ。サスペンションのフトコロの深さという点では、よくできた白ナンバー・コンパクトには及ばない。今回、そこがいちばん差を感じたところでもあった。

Tのほうが使いやすいだろうし、実際、販売のメインはそっちになるにきまっている。

とはいうものの、このMTは捨てがたい。シフトストロークは適度に短く、操作力も軽い。マツダ・ロードスターの6段MTよりフリクションが少ない。最近では新型シビック・タイプRの6段MTに次ぐくらいの小気味よいスティックシフトである。

もうひとつデミオに差をつけられたのは燃費である。約300㎞を走り、満タン法の実測で**11㎞／ℓ**ちょうどだった。このとき、車載コンピュータの表示は11.5㎞／ℓ。いずれにしても、10・15モード燃費（21・5㎞／ℓ）は〝話半分〟である。ちなみに15㎞／ℓ近くをマークしたデミオ13Cのカタログ値は21・0㎞／ℓ。ムーヴのハッタリが際立つ。

どっちが快適？

後席はリムジン的

ムーヴから乗り換えると、フロントピラーが強く寝たデミオの運転席は、クーペふうである。シフトレバーはダッシュボードと繋がった斜面から生え、いわゆるインパネシフトに近い。「カワイイだけじゃね」と謳う今度のデミオは、運転してナンボのパーソナルカー

日本特産〝ミニ・ミニバン〟

デミオから乗り換えると、ムーヴの居住まいはやはりミニ・ミニバンである。ボディのたっぷりした天地と、深いドアのおかげで、乗り降りはラクだ。低いところに〝乗り込む〟のではなく、ドアを開けて隣の部屋に行くような気軽さで乗れる。いろんなものがメン

的色彩を強めている。マツダのコンパクトカーはそうこなくっちゃね。

リアシートの居住性も個性があって、ワルくない。ウエッジラインを描いて跳ね上がるベルトラインのおかげで、後席の窓は小さめだ。子どもは側方視界がきかなくていやがるかもしれないが、大人だとリムジンの後席的な閉塞感があって落ち着くと感じる人も多いのではないか。

丸いお尻のせいもあり、トランクはとくべつ広くない。荷室を広げる場合も、リアシート・クッションをめくって畳むダブルフォールディング機能はなく、後席背もたれは倒れたままそこに残って、フラットフロアにはならない。手前ども、あいにくそうゆうミニバンみたいな工夫は扱っておりません、という素っ気なさだが、これだけ走りが爽やかだと、そんな気の利かなさも許せる。

ダッシュボードを始めとする内装は、ヴィッツほど安っぽくないし、マーチのようなファンシー趣味もない。フェミニンだった先代デミオよりだいぶマニッ

ドクセーと思うと、こういうカタチのクルマが正解になっていくのだろう。

CVTセレクターまわりのデザインはデミオによく似ているが、こっちは床がフラットなところがミニバンだ。運転席と助手席のシートクッションは隙間なく寄せられ、ベンチシート的な広さを演出する。

ボディ全長が約50cm短いにもかかわらず、後席のレッグルームはデミオと変わらない。ここも床に出っ張りはなく、天井は高い。赤ん坊を抱いたお母さんが不自由なく過ごしたりするのにはおあつらえ向きの空間に違いない。

リアシートは平板に見えるが、座り心地は良好だ。背もたれは寝そべるくらいまでリクライン可能。クッションの前端がスラントしているため、デッキチェア姿勢をとっても、ふくらはぎの裏側にサポート感がある。

こちらも後席にダブルフォールディング機能はないが、背もたれを倒しただけで荷室床はフラットになる。シートアレンジの操作は、わかりやすいし、力いらずだ。およそツッコミようがないそうしたシステマチッ

シュになった。シートリフターのレバーは、もう少ししならない材質に替えたほうがいい。

クな室内を見ていると、つくづくこの種の軽自動車は、日本の特産品だなあと思う。

勝者

走ったとたん、惚れていた

マツダ・デミオ13C

コンパクトカー対軽自動車というテーマで、デミオとムーヴの組み合わせが決まったとき、デミオなら13Cのマニュアルがイイと強く推薦したのは、NAVIの青木副編だった。アルピーヌA110をいまでも大切にしている編集部きってのエンスーだ。デミオが「走りのモデル」でいくなら、ムーヴもヤンチャなカスタムRSにしよう、ということになった。つまり、コンパクトカー対軽というお題でも、ポイントはあくまで〝走り〟である。

デミオはまさにその走りのよさが、あまたあるコンパクトカーのなかでも際立っている。以前乗ったミラーサイクル1・3ℓ＋CVTの13C‐Vでもその印象は同じだった。

パワーユニットが違っても変わらない〝よさ〟の源は、各論に書いたとおり、足まわりだと思う。ストロークの感豊かなサスペンションと、軽量なボディという贅沢な組み合わせが、遡ると初代ルノー5、もう少し手前なら80年代後半のシトロエンAX14TRS的な、いちばんよかったころのフレンチ・コンパクトを彷彿させる。わたしゃ、地球の上にやさしく乗ってますよという、かろやかな猫足である。ぼくなんか、走り出した途端、「あ、こりゃエエわ」と惚れた。

国産コンパクトカーではほとんどフィーチャーされることがないマニュアル・ギアボックスも、たしかによかった。91psの13Cは、足まわりも含めて、スイフト・スポーツのようなホットハッチではない。これの4段ATモデルがおそらく量販グレードになろうというシリーズ中心車種である。そこにちゃんとMTを品ぞろえしたのは、いかにもズムズムズムなマツダらしい。普通のグレードにはMTモデルを設定しないコンパクトカーも多いなか、『軽快でスムーズな5速MTも設定しています』なんて売り文句がカタログに書いてあるのはデミオだけである。エライ!

一方、ムーヴの走りも、軽としては傑出している。けれども、高性能モデルのカスタムRSの場合、デミオとの直接比較では、どこか無理している感じがつきまとう。ハードに余裕がなくて、デミオのようなヘルシーさがないのだ。ちなみに、同じパワーユニットのソニカはすごくよかった。60kg重く、15cm背の高いワゴンボディで、無理が祟ったのだろうか。燃費がよくないのにも驚いたが、以前ここで取り上げたソニカRSリミテッドは17km/ℓを記録して、好燃費を実感させた。

というわけで、走りを評価のポイントにすると、勝者はデミオである。なかでも13Cのマニュアルは、ミニバンの年季が明けた運転好きなどに最適だ。アイドリング近辺のトルク不足で、クラッチミートにちょっと気を使わせるのも、「ヨソのバカにはなつかなくていいからね」的な飼い犬みたいで、カワイイと思う。

しかし、こういうクルマが120万円そこそこで買えるとなると、ユーロ高に喘ぐ欧州製コンパクトカーはいよいよつらい。

素のエリーゼか、ハイチューンZか

日産フェアレディZ・バージョンNISMO

日産フェアレディ Z version NISMO：全長×全幅×全高＝4420 × 1840 × 1305mm ／ホイールベース＝ 2650mm ／車重＝ 1510kg ／エンジン＝ 3.5 ℓ V6DOHC（313ps/6800rpm、36.5kgm/4800rpm）／トランスミッション＝ 6MT ／乗駆動方式＝ FR ／車定員＝ 2 名／価格＝ 439 万 9500 円

VS

ロータス・エリーゼS

ロータス・エリーゼ S：全長×全幅×全高＝ 3800 × 1720 × 1130mm ／ホイールベース＝ 2300mm ／車重＝ 860kg ／エンジン＝ 1.8 ℓ 直 4DOHC（136ps/6200rpm、17.6kgm/4200rpm）／トランスミッション＝ 5MT ／駆動方式＝ MR ／乗車定員＝ 2 名／価格＝ 453 万 6000 円

日産フェアレディZ・バージョンNISMO

VS

ロータス・エリーゼS

どんなクルマ？

誰がどうみてもチューニングカー

スーパーGTのニスモと、コンプリート・カスタムカーづくりのオーテックジャパンがプロデュースしたZのロードゴーイング・レーサー。

2007年1月のマイナーチェンジで換装された313psの新型3・5ℓV6は他のZと共通だが、専用の空力デザイン、サスペンション、あるいは、強靱なボディを適度に減衰して走りの質を高める〝パフォーマンス・ダンパー〟など、シャシー／ボディを中心にチューンが施される。なにより一目瞭然のリアスタイルが大迫力。内容を考えると、この次に高いバージョンSTとの36万円の価格差は、出血大サービスに思える。販売店で普通に買えるが、持ち込み登録が必要な改造車扱いになる。

2002年夏デビューの現行Zは、この時代にあって、日本でもMT比率が約4割と大健闘している。バー

アルミ・フレームに実用エンジン

400万円台で買える唯一のロータスにして、エリーゼのスタンダードモデル。トヨタMR-Sが消えると、これが世界で最も安いミドシップ・スポーツカーになる。

これまでのローバー製1・8ℓに換えて、セリカやMR-Sでおなじみの1・8ℓ4気筒〝1ZZ-FE〟を搭載。高いほうのエリーゼは以前からトヨタの2ZZ-GE（192ps）だったから、これですべてのロータスからローバー・ユニットが消えたことになる。

エリーゼSのパワーは136ps。オプションのエアコンを装備していた試乗車の車重は870kg（車検証記載値）。MR-Sが1トン強だったことを思うと、アルミフレーム＋FRPボディのマージンは依然、大きい。

価格は453万6000円だが、試乗車にはトラク

ジョン・ニスモでも5段ATが選べるが、試乗車は6段MT。価格は約４４０万円。ジョン・コントロール（9万５０００円）とエアコン（26万３０００円）のオプションがプラスされる。

どっちが速い？

回し甲斐のある3・5ℓ

新しいZのエンジンは、ひとあし先にスカイラインに搭載されたVQ35HRである。排気系の取り回しが異なるため、Z用ではパワーが2psドロップするが、バージョン・ニスモにはHKSのスポーツ・マフラーが付く。ド派手なリアウイングとともに、ニスモの風貌を決定づける出口径12cmのマフラーだ。

その効果てきめんなのか、エンジンの印象はほかのZよりもイイ。BMWストレート6のような爽快感こそ持ちあわせないものの、７０００回転以上のトップエンドまで豪快に回り、回し甲斐もある。マフラーのルックスは獰猛だが、排気音を含めて、エンジン音はうるさ過ぎない。こう見えても、パワーユニットの印

あっさりしすぎの1・8ℓ

いまのロータスは、完全なシャシー／ボディ・メーカーである。エリーゼもエキシージもヨーロッパSも、パワーユニットはアウトソーシングだ。実際、ロータスの核心は、アルミ押し出し材を接着剤で組み上げたバスタブ・フレームにある。だから、エンジンがトヨタだろうがGMだろうが、ロータスはロータスである。

エリーゼSもその点にブレはない。可変バルブタイミングのトヨタ製1・8ℓ4気筒は、スタンダード・エリーゼに過不足ないパフォーマンスを与える。１３６psといえば、Zの半分にも遠く及ばないが、６５０kgも軽い車重を利して、カーチェイスでも侮れない速さをみせる。

 日産フェアレディZ・バージョンNISMO

象は「大人のスポーツカー」たり得ている。

以前、試乗会で乗ったノーマルZは、6段MTのシフトタッチがギコギコとハガネ・チックで辟易したが、このクルマは気にならなかった。MTの変更はアナウンスされていないのに、不思議である。

1510kgに313psだから、動力性能は豪快きわまる。自在のパワーを考えれば、燃費もまずまずで、約300kmで**6・9km／ℓ**を記録した。

VS

ロータス・エリーゼS 

こちらは5段MT。100km／hからZと横一線でフル加速を試みると、トップギア同士では互角。Zの5速とエリーゼの4速では、なんとエリーゼのほうがわずかに速い。Zが後ろ姿を見せつけるためには、ムキになって3速までシフトダウンする必要がある。

乗用車用エンジンなので、キャビン背後の近いところにあっても、度過ぎた音や振動とは無縁だ。むしろあっさりしすぎていて寂しいくらいである。燃費も**9・8km／ℓ**をマークした。

どっちがファン？

Z史上最良で最高

ZでスーパーGTに参戦するメーカー直系ファクトリー作のシャシーが、遅いはずはない。そこそこのウデのドライバーでも、はたから見たら、即、ヒンシュクを買うコーナリング・スピードが可能だ。一旦、ス

おつかいでもうれしい

ワインディングロードでZから乗り換えると、エリーゼはライトウェイト・スポーツそのものである。シリーズⅡになって、俄然、スーパーカーチックに変わった外観のせいで、フト忘れがちだが、エリーゼは

ピン制御が働いてスロットルが絞られると、復帰までにもどかしいほど時間がかかるのが気になったことを除くと、バージョン・ニスモのハンドリングは、フェアレディZ史上、最良で最高だと思う。

しかし、それよりももっと素晴らしいのは、アシとボディ全体から伝わる高級感である。ニスモのマジックか、あるいは、日産のカリスマ・テストドライバー、加藤博義さん曰く、「なんで効いているのかわからないけど、とにかく効果がある」ヤマハ製パフォーマンス・ダンパーのせいなのか、コーナリング中のシャシー／ボディにレーシーな荒さは少しもなく、乗り心地もむしろノーマルZより洗練されている。

高速域での操安性も、白眉である。路面に吸いつくようなダウンフォース（なのかどうかは不明だが）をこれほど実感したのは初めてだ。高速道路をリラックスして走れることにかけては、日本車随一に思えた。


英国特産のライトウェイト・スポーツなのである。

なかでも、エンジンパワーに頼らないこのSは、軽量ミドシップの楽しさとおもしろさを存分に伝える。

アイポイントは乗用車離れして低い。すばらしく剛性の高い、しかし薄いアルミ板に〝直座り〟しているような独特のエリーゼ・ライドは、ほかのどんなスポーツカーにもない豊かな路面感覚をもたらす。使いきれる136psともあいまって、箱庭的ワインディングロードでも、溜飲下がりまくりである。それどころか、コンビニまでおつかいに乗って出ただけでもリフレッシュさせてくれるのがエリーゼのいいところだ。

標準装備のABSも、オプションのトラクション・コントロールも、チューンは適切で、余計なお世話を感じたことはなかった。立ち上がり加速ではZに置いていかれるが、きついコーナーが続くと、たちまちその差を詰める。

日産フェアレディZ・バージョンNISMO VS ロータス・エリーゼS

どっちが快適？

ルーフアーチ美人

フェアレディというよりも、〝サーキットの娘〟みたいな後ろ姿を見ながらクルマに近づいても、ドアを開けて中に入れば、想定内のZである。

ロードゴーイング・レーサーを目指したとはいえ、室内にオイル臭さはない。そういう意味での特装品は、260㎞／hスケールの速度計くらいである。表皮の一部にアルカンタラを使った専用シートは、見た目だけでなく座り心地もいい。エリーゼ用シートほど潔い割り切りはないが、週末のサーキットランを楽しむような人には、このままで十分いける快適スポーツシートである。

まるで荷室にストラットタワー・バーが積んであるような〝走り命〟の設計は相変わらずだが、一方、チマチマしたカード入れのような収納も、ニスモ仕様だからといってつぶされずに残っているのが微笑ましい。

エリーゼの世界

96年に出たエリーゼのシリーズⅠは、およそ内装と呼べるような演出のない〝アルミ打ちっ放し〟のクルマだった。正直、寒々しくて、初めて乗ったときは「これ、売るのかよ！」と思った。それがいまや、安いほうのSでも、樹脂の内装材やビニールレザーを使ったほぼフルトリムである。むしろ、もうこれ以上やらないでねという感じだ。

太くて高いサイドシルのために、ソフトトップを付けていると、出入りはホネだが、座ってしまえば、中は意外や広い。ドアがサイドシルの外側に付くため、肩まわりが広いのがきいている。そのかわり、Sはパワーウィンドウではないので、助手席側の窓を開けるのはタイヘンだ。

一方、腰から下の下半身にはライトウェイト・スポーツらしいタイト感がある。シフトレバーを囲む樹脂カシート背後にあるフタ付きの物入れもそのままだ。エアバッグのために助手席グローブボックスはないが、それを補ってはるかに余りある容量をもつ。

Zに乗ると、助手席側を眺めるのが個人的に好きだ。このクルマは、アウディTTクーペと並ぶルーフアーチ美人である。


バーと、サイドシルとの間にヒザを広げると、コーナリング中、クルマをニー・グリップできる。

シートのよさは相変わらずだ。樹脂の外皮に、ほとんどアンコのないファブリックを被せただけなのに、ホールド性も快適性も、なんでこんなにいいのかと思う。座ったとたん、エリーゼの世界に浸れる。

勝者

ロータス・エリーゼS
これはグライダーのようなスポーツカーである

Zに乗っているとき、晴れていたのに、何度もワイパーを動かしてしまった。ボケ的な問題という見方もあろうが、ボク的にはそうではない。

ガイシャはヒュンダイを除いて左ウインカーレバーである。ガイシャは、乗るとたしかにガイシャっぽい。その関係が、長年の経験でいつのまにか倒置している。ついつい左手でウインカーを出してしまったバージョン・ニスモは、つまりそれだけ〝ガイシャ感〟が高いのである。

とくに足まわりのセッティングはニスモの面目躍如だ。スポーツ性と高級感を非常に高いレベルで両立させている。高速道路での、路面に根を下ろしたような安定感は、ポルシェ911を彷彿させた。アシもボディも、ひたすらガッチガチだった現行Zのオリジナルモデルからすると、まったく別物である。これで、もう少し外観が控えめだと言うことなしだと思ったが、高速域でのスタビリティなどは、このリアウイングが発生するダウンフォースの賜物かもしれないので、文句は言うまい。

一方、ローバーのKシリーズからトヨタ・エンジンに換装されたスタンダード・エリーゼは、変わっていなかった。エンジンはヨソで買ってくればいいやという、もともとエンジンに頼っていないクルマなのだから、当然といえば当然だろう。1ZZ-FEは耐久性にすぐれたタイミングチェーンを採用する。タイミングベルトだったローバー・ユニットと比べると、それだけでも朗報のはずだ。

Zと一緒に走らせると、エリーゼSはまさに真正ライトウェイト・スポーツである。軽量で走る、軽量を楽しむのがライトウェイト・スポーツだとすると、最も非力なエリーゼにこそ、最もエリーゼらしさがある、ということになる。せっかくのライトウェイト・スポーツのエンジンを、どんどんパワフルにしてゆく料簡は、ぼくは悪趣味だと思う。

そんな2台を比べたこんどの対決は、いつも以上におもしろかった。

両者に共通するのは、ふだん使いとサーキットランが1台で楽しめるスポーツカーということだが、それ以外は、まったくテイストが異なる。あまりに違うので、正直言って、乗って、較べようという気にならなかった。どっちも、それぞれにいいスポーツカーである。だから、今回の結論はあくまで好みの問題だ。軍配はエリーゼにあげる。

1510kgを313psで走らせる濃厚なZから乗り換えると、860kgに136psのエリーゼは、さながらグライダーである。

どんなに航空機が進歩しても、グライダーは廃《すた》れない。なぜなら、経済の役に立たない、純粋なスポーツ機だからだ。その境地にいちばん近いスポーツカーが、エリーゼだと思う。

いまさらグライダーつくったんじゃ儲からないよ、と、大きな自動車メーカーは言うかもしれない。だが、それは違う。シンプルなものほど、お金がとれる。モノづくりはもうとっくにそういう時代である。

トキメキとゲンコツ

ボルボ C30 T-5

ボルボ C30 T-5：全長×全幅×全高＝4250×1780×1430mm／ホイールベース＝2640mm／車重＝1430kg／エンジン＝2.5ℓ直5DOHCターボ付（230ps/5000rpm、32.6kgm/1500-5000rpm）／トランスミッション＝5AT／駆動方式＝FF／乗車定員＝4名／価格＝387万円

VS

プジョー 207GTi

プジョー207GTi：全長×全幅×全高＝4030×1750×1470mm／ホイールベース＝2450mm／車重＝1260kg／エンジン＝1.6ℓ直4DOHCターボ付（175ps/6000rpm、24.5kgm/1600-4500rpm）／トランスミッション＝5MT／駆動方式＝FF／乗車定員＝4名／価格＝320万円

ボルボC30T-5

VS

プジョー207GTi

どんなクルマ？

デザイン・コンシャスなボルボ

「新カテゴリーの2ドア・プレミアム・コンパクトクーペ」を標榜するボルボのニューレンジ。かつてのP1800や480ESなどを知っていると、C30のコンセプトは理解しやすい。ひとくちに「カッコいい系ボルボ」である。ひたすら四角四面だった昔と違って、いまのボルボはみなそこそこカッコよくなってしまったが、そのなかでも、ショーモデル並みのハイテンションを感じさせるリアスタイルはきわめて個性的だ。機械的な中身はS40／V50系だが、そんな出自を意識させないところが〝デザイン力〟の高さである。

エンジンはいずれも横置き5気筒の20バルブDOHC。2・4ℓ自然吸気と2・5ℓターボが用意され、試乗車は後者を載せるT‐5。価格は387万円だが、C30なら付けない手はないボディキット、カーナビ、

ホッテスト・ハッチなプジョー

日本では205以来、久しく途絶えていた〝ジーティーアイ〟を復活させたプジョーの最強ホットハッチ。ただし、日本、イギリス、豪州などを除くと、206時代同様、〝RC〟のモデル名が与えられる。

BMWとの共同開発による総アルミ製4気筒エンジンは、基本的にミニ・クーパーSと共通。207GTに搭載される1・6ℓツインスクロール・ターボ（150ps）に、タービンまわりのメカ・チューンとチップ・チューンを加え、175psを得る。そのほか、サスペンションや17インチホイールなどもGT・i専用になるが、マニュアル変速機は207GT同様、5段型。ちなみに、ミニ・クーパーSには6段が付く。

価格は207GTより56万円高、クーパーSより25万円高の320万円。しかし、排気量がクラス違い

18インチホイールなどを装着した広報車は、驚愕の508万円。

のC30 T-5よりは70万円近く安い。

どっちがファン？

見た目は走りそうだが

C30のタテヨコは、VWゴルフよりわずかに大きく、全高は2cm低い。そこへもってきて、T-5は230psの高出力を誇る。さぞやパワフルかと思いきや、そうでもない。たった175psってことないだろ!?と驚かせるのが207GT・iなら、C30には額面ほどの力感は感じない。もちろん、こっちはATということもあるが。

低いうなりを上げながら鷹揚に立ち上がる2・5ℓ5気筒ターボパワーは、もっぱら〝走りの余裕〟のために使われている。エンジンの印象も、スポーツ性より6気筒的な高級感のほうを強く訴える。パワー・ウェイトレシオは6・2kg/psという好データだが、ホットハッ

ツインスクロールでモリモリ

150psの207GTでも、十分以上にパワフルなのに、ピークパワーでさらに25ps上乗せしたGT・iが速いのは言うまでもない。24・5kgmの最大トルクは変わっていないが、発生回転域は1600～4500回転と、GTよりバンドが上に1000回転伸びている。より広い範囲でツインスクロール・ターボのモリモリ感を味わうことができるようになった。

ターボ・ユニットといっても、まだるっこしいターボ・ラグや、あるところから急に炸裂するターボキックとは無縁なのがこのエンジンの美質で、スペックを知らなければ自然吸気と信じる人もいそうだ。

ボルボC30T-5

チ的なヤンチャさを期待すると、おあいにくさまだ。しかし、それがC30である。幼稚っぽい速さや、生き急いだせせこましさと無縁なのは、ボルボ流でもあろう。

　アイシンAW製の5段ATは、セレクターでシーケンシャルにシフトできるスポーツ・モードをもつ。これだとキックダウンも自動的シフトアップも起きない男らしい純マニュアル・モードだが、実際のユーザー層を考えると、もう少し親切な設定のほうがよかったかなと思う。

　一方、足まわりは、オプションの18インチを履いたこのT-5の場合、少々やりすぎに思えるほど硬い。もともとギュッと締め上げたサスペンションに、ヨンゴーのピレリPゼロの組み合わせとあって、ファーストコンタクトから硬いと思わせる脚だ。舗装の段差などの突き上げでは、3ドアボディの剛性感がそれほど高くないことも露呈する。ただし、リアシートの乗り心地は、不思議と前席よりむしろよかった。スポーティなサスペンションのおかげで、ワインディングロードを最も飛ばせるボルボの1台ではあるが、ここまで硬

VS

プジョー207GTi

その一方、5段MTでレブリミットの６８００回転まで引っ張ると、ローは70km/h、セカンドでは１０７km/hに達する。トルクの厚みだけでなく、気持ちよい〝伸び〟も味わえる。これでもう少し魅力的なエンジン音や排気音が備わると言うことなしだと思う。
　２３０psのC30と比べても、とくに瞬発力では大きくリードする。１００km/hから横一線でフル加速すると、２０７GTiはひとつ下の4速に落とすだけで、Dレンジ・キックダウンを使うC30を置き去りにすることができる。パワー・ウェイト・レシオ（７・２kg/ps）ではC30のほうが勝っているのに、この逆転劇。3、4、5速でフル加速すると、最大25・５kgmまでトルクが一時増産されるオーバーブースト機構のなせるワザだろうか。約３００kmを走って**9・6km/ℓ**と、燃費もまずまずだった。
　ひとつ気になったのは、発進時、クラッチをミートするときに感じるスロットルの不感帯だ。電制スロットルのチューニングがうまくないのか、渋滞路だと、

いと、やや勇み足に思える。少なくとも、T-5に18インチはお薦めしない。

約400kmを走って、燃費は7・6km/ℓだった。ボディはコンパクトでも2・5ℓターボだから、燃料代はコンパクトというわけにいかない。

どっちが快適？

デザインと実用は両立せず？

207よりボディ全長は20cm以上長いのに、C30の荷室は207より狭い。特徴的なグラスハッチは、開口部の幅が90cmしかない。敷居も高い位置にあるから、リアシートを畳んだ荷室に重い嵩《かさ》モノを出し入れするようなとき、使い勝手はよくない。なんてことをマジにブー垂れる人は、最初からこのクルマには食指を動かさないだろう。S40/V50をベースにカッコいいク

ソールの分厚い靴を履いてアクセルを踏んでいるような不自然さを感じることが多い。試乗車はプレ・プロダクションモデルだという説明を借り出し時に受けたが、そのせいであればいいと思う。

家庭用ギリギリ

プジョーきっての高性能モデルである207GTiは、エンジンに負けず劣らず〝速いシャシー〟の持ち主である。これだけパワフルなエンジンに対しても、シャシーのマージンは大きくとられているから、ワインディングロードでそうとう無茶をやっても破綻は起きない。ESPの介入も自然だ。206RCにあったトルクステアも抑えられている。

 ボルボC30T-5

ルマをつくったら、それがたまたまスポーツワゴンふうになった。「だれが積めるって言った⁉」という確信犯なのである。
　でも、2ドアによる乗り降りのしにくさを除けば、リアシートは意外に広いし、快適でもある。人を積むことに関しては、4人乗りのセダンにほぼ近い。
　C30のカッコよさに大きく寄与しているのは、フロント・スポイラーや、サイドのスカートなどから構成される〝ボディキット〟というエアロ・ガーニッシュである。これがC30デザインのキーポイントであることは、カタログにボディキットなしの外観写真が1枚も掲載されていないことでもわかる。発表直後、近所のディーラーでボディキットなしのベーシックモデルを初めて見たが、はっきり言って、C30らしさのオーラはゼロだった。
　それくらい重要なデザインアイコンを、最上級のT-5ですら30万円級のオプションにしているのは、いかがなものかと思う。不景気のいま、日本市場での輸入車はユーロ高を完全には価格に転嫁できないでいる。

VS

プジョー207GTi 

そのかわり、足まわりは硬い。こういうクルマだから、乗る人は覚悟の上だろうが、短い振幅で上下に揺すられる乗り心地は、ファミリーユースには限界に近いかもしれない。シビック・タイプRほどではないにせよ、かなりサーキット用に特化した脚といえる。まあ、20年前の２０５ＧＴｉだって、およそ乗り心地自慢のクルマではなかったが。
　全長４ｍを超え、堂々の3ナンバーワイドボディに変わった２０７は、ひとことで言うと「プレミアム化された２０６」である。ＧＴｉに限らず、どのモデルでも、乗り込んだとたん感じるのは、ほとんど３０７並みになった室内の〝押し出し〟である。ダッシュボードは量感たっぷりに大きくなり、内装のクオリティも向上した。それでいながら、日本人が愛したフロントマスクのアグレッシブなイメージは受け継がれている。だから、２０７は売れるクルマだと思う。
　だが、２０６ＲＣの後継車である２０７ＧＴｉの場合、大きく立派になったことのネガもある。ハンドリングステージでは、なんとはなしに〝大きい感〟がつこういうところで少しでも帳尻を合わせようという苦しい事情もあるのだろうが。

きまとう。ホットハッチとして、いまひとつ溜飲が下がりきらないのは、プレミアム化の副作用だと思う。

勝者

トキメキのダウンサイジング

ボルボC30T-5

C30はボルボのダウンサイジングである。値段はさして安くないから、財布の軽い若者が飛びつくとは思えない。それよりもこのクルマは、長年、ボルボに親しんできた善男善女に「小さいボルボ」としてまず好感されるのではないか。

ぼくの身近にその典型がいる。義理の弟だ。

94年型８５０セダンを新車からずっと愛用してきた。うっかり追突事故を起こして、エアバッグを展開させ、唇がタラコみたいになったこともあったが、クルマはすぐに直した。それくらい気に入って、13年間と10万kmを過ごしてきた。

その８５０をC30に買い替えた。主に通勤用だから、８５０にはほとんどひとりでしか乗らない。家庭用にはもう1台、クルマがあるので、もっと小さいやつでいいと、以前からずっと感じていたらしい。つい最近、セールスマンにC30の写真を見せられて、即決、T-

5を注文したのである。

　義弟がひとめぼれしたのは、コンパクトさもさることながら、デザインやコンセプトが気に入ったからだという。乗り慣れた850セダンから見たら、ブッ飛んだクルマだが、だからこそ、踏ん切りがついたのだろう。小さくても、トキメキがある。トキメキがあれば、人は喜んでダウンサイジングする。C30はまさにそういうクルマになり得ているのである。

　納車はまだ先になるというので、今回の試乗車を借りているとき、乗せてあげた。「ゴメン、別の店で買っちゃった」という悪ふざけを言いに、懇意のディーラーを訪ねると、大してウケることはなく、そのかわり、営業マンが次々に出てきてクルマを写メに収めた。その販売店にはボディキットの付いていないグレーの地味ィな最廉価モデルしかなかったからだ。

　一方、206からアップサイジングを果たしたのが207である。かつて日本の206人気を支えたユーザー層にも、今回のプレミアム化は支持されるはずだ。だが、GT i のような高性能モデルについてはどうだろう。より高速向き、よりハイスピード対応になったのは疑いもない。愛すべき206RCよりまた速くなった。けれども、ファン・トゥ・ドライブのゲンコツみたいだった206RCより楽しくなったかと聞かれると、素直にはうなずけない。走り慣れたインターチェンジのカーブでアソぼうと思ったら、パワーも限界も上がった207GT i は、206RCより1、2割はスピードを上げないといけない。もういいよ、そういうの、とぼくなんかは思う。

　遅い梅雨明け以来、連日、息が詰まるような猛暑が続いている。いつからか、東京の夏はカラチのように暑いのがあたりまえになってしまった。この夏から設定温度28℃厳守に決めた蒸し暑い仕事部屋で、今回のイッキ討ちは「アップサイジングよりダウンサイジング」と決したい。

武闘派二題

ホンダ・シビック・タイプR

ホンダ・シビック・タイプR：全長×全幅×全高＝4540×1770×1430mm／ホイールベース＝2700mm／車重＝1270kg／エンジン＝2ℓ直4DOHC（225ps/8000rpm、21.9kgm/6100rpm）／トランスミッション＝6MT／駆動方式＝FF／乗車定員＝5名／価格＝283万5000円

VS

ルノー・メガーヌRS

ルノー・メガーヌ・ルノー・スポール：全長×全幅×全高＝4235×1775×1450mm／ホイールベース＝2625mm／車重＝1400kg／エンジン＝2ℓ直4DOHCターボ付（224ps/5500rpm、30.6kgm/3000rpm）／トランスミッション＝6MT／駆動方式＝FF／乗車定員＝5名／価格＝379万円

どんなクルマ？

サーキット走行する市民車

4ドアセダン・ボディで強行（?）されたシビック・タイプRの3代目。

２ℓのi‐VTECをベースに専用チューンを施したエンジンは、自然吸気のまま２２５psを発生する。ATのみのノーマル・シビックに対して、こちらは６段MTのみになる。

洗濯物が干せそうなリアウイングもスゴイが、中身もタイプRの名に恥じない。足まわりを大幅に強化し、ブレンボ製4ポッド・キャリパー（フロント）、18インチのポテンザRE０７０、トルク感応型ヘリカルLSDなど、サーキット走行を見据えた特装品をまとう。エアコンは標準だが、オーディオはなし。せめてラジオだけでも聴きたいと思うと、リアカメラ付きカーナビを注文しないといけない。２８３万５０００円ですむ人はまずいないだろう。

戦うフレンチ・ホットハッチ

アルピーヌの血をひくルノーのモータースポーツ部門がチューンした武闘派メガーヌ。２ℓ４気筒DOHCに、専用のピストンやクランクシャフトを組み、ツインスクロール・ターボ化で２２４psを発生する。

これに６段MTを組み合わせたパワーユニットはキャリーオーバーだが、２００６年秋に切り替わった新型シリーズは、シャシーの強化が著しい。

２００５年に限定販売されたメガーヌ・トロフィーのスポーツ・サスペンションを全車に標準装備。18インチタイヤは、シビック・タイプRよりさらにワンサイズ太い２３５のヨンマル。ブレンボ製のブレーキも、こちらはドリルド・ローターとの組み合わせになる。

出たてのメガーヌ・ルノー・スポールは左ハンドルの３ドアだったが、現在は右ハンドルの５ドアがメインで、価格は３７９万円。

どっちが速い？

回さずにはいられない

8000回転まで回して225ps。2ℓ自然吸気で、2ℓターボのメガーヌRSを1psしのぐハイチューン。インテグラ・タイプR用をブラッシュアップしたi-VTECは、スペックどおり、なかなかシビれるエンジンだ。

伝統的なホンダ・ユニットの流儀に則り、キャラクターは〝回してナンボ〟。VTECが高速側に切り替わる5800回転付近で、わざとらしいほど音が変わり、8500回転を超えるリミットまで、胸のすく吹き上がりをみせる。

その一方、アイドリング回転直後のトルクは脆弱で、右足の踏み込みをちょっとサボると、オヤッと思うほど力がない。試乗中、発進時に何度かエンストを喫した。エンジンはスタートのみプッシュボタンなので、一見サンはとまどう。しかし、上がこれだけイイと、こういうこともまた話のタネだろう。

豪快な加速はトルクのおかげ

タイプRのエンジンと比べると、メガーヌRSの2ℓターボ・ユニットは好対照である。ツインスクロールの恩恵で、ターボとはいえ、下から力がある。なにしろ、2000回転で、早くも最大トルクの90％を発生するセッティングだ。3000回転あたりから、明確なターボキックが訪れるが、〝下がない〟タイプRとの比較では、むしろ低回転域での分厚いトルクのほうが印象的だった。というか、以前乗ったメガーヌRSは、もう少しトップエンドでストレス・フリーだったし、回転感覚もより澄みきっていた。と思って、試乗メモを引っ張り出すと、1年前に乗った広報車はルノー・ジャポンの期間限定モデルで、フジツボ製のチタン・マフラーが装着されていた。

とはいえ、このエンジンも十分、魅力的なスポーツ・ユニットだ。i-VTECが〝緻密〟なら、フル加速時にトルクステアを隠さない2ℓターボは〝豪快〟で

イッキ討ち

ホンダ・シビック・タイプR

高回転キャラはギアリングにも表れ、100km/h時の回転数は6速トップでも3100回転を示す。2ℓ車としては異例に〝回すセッティング〟だ。そのかわり、クロース・レシオでハイレブをキープしながら走ると、知的とまでは言わないが、馬鹿っぽくないファン・トゥ・ドライブに浸れる。最近の国産エンジンのなかでも、白眉のスポーツ・ユニットである。

VS

ルノー・メガーヌRS

ある。100km/h時の回転数は6速トップで2250回転だが、同じギアのタイプRと横一線でヨーイドンをすると、明確にメガーヌRSのほうが先行する。その関係は4速まで変わらず、タイプRがなんとか逆転したのは、3速まで落としたときだった。やはり「加速はトルク」である。

どっちがファン？

ガッチガチやぞ

新型シビック・タイプRは、基本的に同じエンジンだったインテグラ・タイプRより大柄で、車重は80kg重い。にもかかわらず、インテを筑波のラップタイムで1秒以上うわまわるなど、前輪駆動のタイプRとしてはサーキット最速を誇るという。

だが、公道での印象でまず指摘しなければならないのはこれだ。乗り心地は、メチャメチャ硬い。インプ

サーキットに猫はいない

2006年秋に導入されたこの新型メガーヌRSのハイライトは、足まわりをカップカー・レース仕様にグレードアップしたことである。その結果、マイナーチェンジ前のクルマとはシャシーの印象が大きく異なる。タイプRほどヒドくはないにせよ、こちらも乗り心地はそうとう硬い。プレスリリースの謳い文句「サーキットからの凱旋」は、あながちウソではない。

レッサもランエボも、ハダシで逃げ出す硬さだ。高速になるとよくなるタイプでもなく、速度を問わず上下に揺すられる。走る姿を後ろから見ていると、平滑に見える路面ですら、ボディが細かな上下動を繰り返しているのがわかる。まるでノーサスカーである。悩殺はいいけど、ノーサスは困る。ファミリーカーにはもはや完全にNGの乗り心地である。

たしかに、コーナリングは目の覚める速さだ。これだけ硬いと、ちょっとした凸凹でも、跳ねることが危惧されたが、意外や落ち着きもいい。しかし、そんな得意の絶頂ステージにあっても、乗り心地に関しては、およそカンファタブルではない。スピードを落としてもよくならないから、今日はコーナーをほどほどに流してマッタリする、という楽しみかたもできない。

タウンスピードでは上下にグイッグイッと揺すられがちで、その基本マナーは高速道路でスピードを上げてもそれほど変わらない。低速ではゴッゴッしても、速度を上げるにつれてフラットになり、むしろ上等な乗り心地を感じさせたマイチェン前のモデルとは別人だ。ベーシックな1・6ℓメガーヌの快適な猫足を思い出すと、ルノー・スポールも、もう少し工夫できなかったかなと思う。

旧型で気になった電動パワーステアリングの問題点は改善された。同じ舵角を保って回る中高速コーナーで、舗装の継ぎ目のような凸凹に遭遇すると、保舵力がヒュワっと一瞬、抜けたように軽くなることが以前はあったのだ。新型は自信をもってコーナリングができるし、楽しめる。

どっちが実用的？

高級キャビンをどう使う

室内はタイプRの魅力のひとつである。試乗車の内

優秀な燃費

ブラックレザー・シートが与えられるメガーヌRS

ホンダ・シビック・タイプR

装色は、イメージカラーの赤・黒ツートーン。鮮烈な配色だが、内装全体の上等な質感とあいまって、ガキっぽさは微塵もない。日本車としては、見事にロッソ・エ・ネロを着こなしたインテリアである。

　タイプR専用のダッシュボードも機能的で、しかも斬新だ。

　ステアリングホイールの奥には、単眼のアナログ・タコメーターが埋まる。その向こうの〝丘〟には、デジタル表示の速度計がある。運転席から見ると、ふたつのマブタが重なったようなデザインだ。お互いを借景にし合うような位置関係で回転計と速度計が一直線上に並ぶので、情報を取りやすい。伝統のアルミ製シフトノブをもつ6段MTのシフトタッチは、スポーティモデルのなかでも傑出している。いつもより余計にシフトしたくなるキャラクターは、回してナンボのエンジンとも呼応する。

「オデッセイのセダン」と呼びたくなるようなビッグキャビン・フォルムのおかげで、室内は広い。とくにリアシートはだだっ広い。完全にフラットな床は、まるで踊り場だ。

VS

ルノー・メガーヌRS

の室内は、タイプRより大人しく、地味である。足もとに並ぶアルミペダルを覗き込まない限り、高性能を声高に主張する演出はない。ラテンのスポーティモデルにしては抑制のきいた内装である。

　リアシートはタイプRのように広くない。とくに膝まわりの余裕は限られる。デザイン重視のボディだから、そのへんは我慢か。ただ、前席の背もたれが低めなので、後席は見晴らしにすぐれ、居心地もワルくない。

　軽量化のために、ドアミラーの電動格納機構まで省いたタイプRに較べると、装備は豊富で、ESP、CDデッキ付きオーディオ、シートヒーター、クルーズコントロール、ヘッドランプウォッシャー、後席サイドエアバッグ、カーテンエアバッグなどが最初から付いている。見かけ上の価格差は100万円近いが、これらの標準装備品を勘案すると、その差はグッと縮まるはずだ。

　エンジンの項で書けなかった燃費について記すと、メガーヌRSの燃料経済性はなかなか優秀だ。約350kmを走って、**11・0km/ℓ**を記録した。高回転に頼らず速く走れるツインスクロール・ターボの恩恵

しかし、いかんせんアナーキーな乗り心地のせいで、そうしたファミリーカー・キャラクターも、おそらくは「意味ねー」のが残念である。

だろうか。

一方、タイプRは370km区間で8・8km/ℓにとどまる。

勝者

タイムアタック魂の総量と純粋さ

ホンダ・シビック・タイプR

ホンダの地下駐車場でシビック・タイプRを借り受け、カッコイイ黒塗りレジェンドの役員車が並ぶ玄関前を抜け、歩道の段差を降りて外苑東通りに合流する。すぐ先の青山一丁目交差点を渡ったあたりで、ぼくはあきれかえっていた。コイルスプリングに何か詰め物をして、バネ一巻き分しかストロークしていないようなアシの硬さに、だ。絶え間ない上下動で内臓脂肪は燃焼するかもしれないが、胃下垂になる。率直に言って、「こんなクルマ、やだ!」と思った。

だが、そうも言っておれない。撮影の予定がある翌日は、朝から雨の予報だった。

予定を変更して、いまから峠道へ行こうと思い立った。ワインディングロードが呼んでるゼ、というよりも、こりゃ、ワインディングロードでも行くしかないと思ったのである。

新型タイプRは、ひとくちに〝タイムアタック魂〟なクルマである。平滑な路面のサーキットで、タイムを出すことしか考えていない。家族やカノジョの側に十分な愛があれば、ファミリーカーやデートカーにも使えた旧型タイプRとは、そこが決定的に違う。5年半ぶりの国産シビック・タイプRは、サーキットのラップタイムを競うDVDカーマガジンのためにつくられたようなクルマになっていた。

だが、タイプRというクルマ、かつてのランエボでいえば、GSRであって、RSではない。しかも、今度はタイプR史上初の3ナンバーの4ドアセダンである。広いリアシートやトランクをむざむざ無駄にしないためにも、もう少し円満な味つけにできなかったものか。

そもそも、最近の高性能車は、サーキットでの速さと、公道での快適性とが必ずしもトレードオフの関係になっていない。フェアレディZバージョン・ニスモしかり、BMW335iクーペしかりだ。そうした例を考えると、新型シビック・タイプRのシャシー・チューニングはいささかアナクロに過ぎる。

そこで、メガーヌRSである。

マイナーチェンジ前のモデルは、高性能と高級とがほどよく同居した、まさに大人のホットハッチだった。「ガキじゃない走り屋」たちに育まれた欧州車のフトコロの深さを見よ。と、言わせるつもりが、しかし、今回は見事に裏切られた。新型には、けっこうなタイムアタック魂が宿っていたのである。タイプRほどアナーキーではないものの、乗り心地は容赦なく硬い。その点で、フランス車である必然は、もはやどこにもない。

そうなると、俄然、シビックが輝いてみえた。乗り心地はやだけど、しかし、タイムアタック魂の総量と純粋さにおいて、ここはタイプRの勝ちにしたい。エンジンは絶品で、内外装には〝華〟もある。もし仮にオーナーになったとしたら、タイヤを履き替えるなり、ダンパーを替えるなりして、乗り心地のデチューンに努めたいと思う。

それにしても、この脚の硬さ。ホンダのエンジニアは、ミニバンばっかりつくらされて、よほど欲求不満が溜まっているんじゃなかろうか。

米国車本音対決

シボレー・コルベットZ06

コルベットZ06：全長×全幅×全高＝4465×1935×1250mm／ホイールベース＝2685mm／車重＝1440kg／エンジン＝7ℓ直8OHV（511ps/6300rpm、64.9kgm/4800rpm）／トランスミッション＝6MT／駆動方式＝FR／乗車定員＝2名／価格＝945万円

VS

クライスラー300C・SRT8

クライスラー300C SRT8：全長×全幅×全高＝5000×1910×1480mm／ホイールベース＝3050mm／車重＝1910kg／エンジン＝6ℓV8OHV（431ps/6000rpm、58.0kgm/4600rpm）／トランスミッション＝5AT／駆動方式＝FR／乗車定員＝5名／価格＝726万6000円

シボレー・コルベットZ06 VS クライスラー300C・SRT8

どんなクルマ？

1000万円をきるスーパースポーツ

C6（6代目コルベット）に登場した公道レーシング・バージョン。6ℓの404psでも飽きたらなかったエンジンは、新開発の7ℓV8・OHV。かるく大台突破の511psは、GM製市販車の馬力レコードでもある。低重心化のために、潤滑はドライサンプ方式を採用。コンロッドや吸気バルブはチタン製。6段MTにもオイルクーラーを付けるなど、レーシング・コルベットからのフィードバックが随所にみられる。

改造の手はボディ／シャシーにも延び、バックボーンフレームの素材を鉄からアルミに変更。エンジンフード、フロントフェンダー、ルーフ（固定）など、ボディ外板にもカーボンファイバーが奢られる。ドリルド・ローターの大径ディスクブレーキも専用だ。

価格は、内容を考えればむしろお買い得の945万円。第一便の50台はあっというまに完売している。

0・100km/h加速5秒のスーパーセダン

クライスラーのハイパフォーマンスカー開発部門、SRT（ストリート&レーシング・テクノロジー）が手がけたコワモテ・セダンの決定版。

半球形燃焼室をもつ5・7ℓV8・HEMIをボアアップして6・1ℓに拡大。圧縮比も9・6から10・3に上げるなどした結果、5・7ℓ（340ps）を大きく上回る431psを得る。わずか400cc増で3割近いパワーアップが果たせるのも、のどかなアメリカンビッグV8ならではか。

シャシーもそれ相応に強化され、見えるところでは、ブレンボのブレーキと20インチのアルミホイールが目をひく。他の300C同様、生産はオーストリアのグラーツで行われる。日本の騒音規制がクリアできないため、並行輸入のかたちをとる。5段ATで右ハンドル。価格は5・7ℓより105万円高い726万6000円。

どっちが速い？

笑えるほど速い

スタートボタンを押して7ℓV8ユニットを叩き起こすと、フツーのコルベットでないことはすぐわかる。圧力のある唸りと、軽量ボディを揺する振動。動き出す前から、エンジンの存在感が別格だ。ゲートオープンを前にイレ込む暴れ馬のような迫力である。

しかしそこは1000万円近い高級スポーツカーでもあるから、人並みに流れに乗って走れば、まったく楽チンだ。エンジンに気むずかしさは一切なく、コンスタント・スロットルなら排気音なども気にならない。クラッチは拍子抜けするほど軽い。

だが、ひとたび右足に力を込めると、その速さたるや、笑えるほどである。車重はノーマル6ℓのMTより60kg軽い1440kg。それでパワーは3割増しなのだから当然だ。トラクションコントロールをオフにしてレーシングスタートを試みれば、多少の上り坂でもたちまちブルースモークショーの主役になれる。ギ

豪快より洗練

全長5m、全幅1・9m超のSRT8は、車重もZ06より500kg近く重い1910kgに達する。馬力荷重からわかるとおり、Z06の速さにはかなわない。0-100km/h加速4秒以下を謳うZ06に対して、このビッグセダンは5秒かかる。といったって、911カレラより速いATセダンというわけで、こちらも陸の王者気分が味わえることには変わりない。

しかし、同じ大排気量アメリカンV8・OHVでも、エンジンの表情はかなり違う。ひとことで言うと、SRT8のほうがより洗練されている。トップエンドではバルブサージングを懸命にこらえているかのような苦しさを漏らすZ06に対して、SRT8の6・1ℓユニットは6000回転を超す高回転までツーンときれいに回りきる。日本の騒音規制に受からなかったエンジン音も、耳に圧力を感じるアイドリング時の車外騒音を除けば、なんら問題ない。スポーツセダン用と

アは6段あるのに、7200回転のレブリミットまで引っ張ると、ローで早くも104km／hに達する。

7ℓのV8・OHVが7000回転以上まで回るのは凄いが、さすがにトップエンドは苦しげになる。というか、ふだんはそんな高回転のお世話になる必要ゼロ。4000回転までで十分、陸の王者である。

どっちがファン？

直線番長にあらず

ギアボックスをリアのデフと一体化させたトランス・アクスル方式。重心の低いOHV・V8をフロント・ミドシップにしたエンジン搭載レイアウト。もともとC6はレースをせんとや生まれけむ、みたいなクルマである。

その天然キャラはZ06でさらに磨きがかかっている。車検証によると、前後軸重は前720kg／後

してはマナーにも十分すぐれたエンジンといえる。

燃費は、パワー相応というところだ。SRT8が約360kmで**5・6km／ℓ**。Z06が約300kmを走って**4・8km／ℓ**だった。レンジローバーやポルシェ・カイエンのような2トン超の大型V8四駆と同レベルである。

コルベットよりイージー

アルミフレームの恩恵か、Z06は前後にサンマルとサンゴーのグッドイヤー（しかも、ランフラット）を履いていても、不思議と乗り心地に荒さがない。むしろ足まわりにハードな硬さを感じさせるのはSRT8のほうである。

5・7ℓモデルより明らかに硬い。いろんなところを締め上げて、真っ正直に硬くしましたという感じの

710kg。BMWばりにイーブンの重量配分だ。さらにドライサンプ化や強力なLSDの装備もあって、Z06はノーマルC6以上によく曲がる。直線番長だと思ったら、大間違いである。

ただし、サスペンションを大きくストロークさせるタイプのシャシーではない。ハードコーナリング中もロールはほとんど感じないし、実際、ロール量も大きくないから、イクときは予告なしにイク。今回もワインディングロードでいちど後輪がグリップを失った。アンチスピン制御はきわめて有効で、スロットルをわずかにゆるめるだけで、見えざる手が車両を安定させてくれたが、そうとうスリリングではあった。ヘッドアップ・ディスプレイにはリアルタイムで横Gが表示される。目指すはコンマ9Gオーバー、などと公道で無茶をするのは禁物だ。511psをナメてかかってはいけない。

硬さだから、しなやかさには欠ける。高速道路の継ぎ目を乗り越えると、ボコンボコンという丸太がぶつかりあうような音とショックが床下から伝わる。20インチ・ヨンゴーのグッドイヤーが減ってくれれば、途端に荒さが増幅しそうな乗り心地に思えた。

しかし、その分、操縦性能はいい。地を這うように低いZ06から乗り換えると、アイポイントはグッと高く、腰高な印象も強いが、安心感はある。Z06よりリラックスして飛ばせる。

締め上げられたサスペンションのおかげで、こちらもロールは少ない。ステアリングやブレーキは信頼に足る。ワインディングロードでの運転感覚は、パワフルでスポーティな大型SUVに近い。Z06のようなレーシング・スポーツカー的な刺激こそないが、ペースはそれほど変わらない。馬力荷重の不利を思い出すと、大したものだと感心した。

シボレー・コルベットZ06

VS

クライスラー300C・SRT8

どっちが快適？

街乗りも十分こなす乗り心地

エンジンのところで書き忘れたが、6段MTのみのZ06で特徴的なのは、ギアノイズである。クラッチをミートして発進すると、カラカラガラガラというぶしつけな機械音がセンタートンネルの奥から聞こえる。ピットロードを加速するGTマシンさながら、というのは大げさにしても、かなり盛大な聞こえかただ。よくぞここまでレーシィな味つけで市販化したものだと思う。

この点を除くと、Z06のコクピットは他のコルベットとそれほど変わらない。6代目になって目に見えて変わったのは、内装に使われる樹脂の質感だ。黒いダッシュボードやドア内張りの革シボが、日本車や欧州車に近いマット調になった。エアコン操作盤やカーナビのCRTが埋まるセンターパネルのチタンカ

正直価格の大型セダン

300Cはお買い得だ。発売当時よりは高くなったが、5・7ℓモデルで621万6000円。アメリカでほぼ同価格帯のキャデラックSTS・4・6には788万円の値札がついている。6・1ℓのSRT8はそれよりまだ安いのだ。サスペンションを始めとして、300Cのシャシー・コンポーネントには旧型メルセデスEクラスの構成部品が多用されている。ATもメルセデス用だ。そうした成り立ちもコストダウンにきいていようが、基本的に日本市場ではGMよりクライスラーのほうがオネスト・プライスである。

しかし、但し書きもつく。内装のクオリティなどはかなり割り切っている。それはトップグレードのSRT8でも同じだ。ダッシュボード、センターパネル、ドア内張りなど、室内のデザインや質感はいささか白

ラー仕上げも新趣向だ。大ざっぱで野暮ったいところがなくなったと書くと、「そこが好き」だった守旧派には怒られるかもしれないが、やっと〝こっちの世界〟に来た感じがするのは事実である。

Z06専用のレザーシートは、たっぷりしたサイズでつくられ、ドライバーの体を度過ぎて拘束するようなことはない。高速道路を流していれば、毛穴の広がるイージー・ドライビングが味わえる。

物家電的で、これから革シボなどの内装処理を施すプロトタイプに見えなくもない。スポーツセダンであることはたしかだが、けっしてラグジュアリーセダンというわけではない。

SRT8には赤い刺繍でモデル名を縫い込んだレザーシートがつく。Z06のシートよりクッション座面両サイドに高いハンプをもつスポーツシートだが、サイズがたっぷりしているので押しつけがましくはない。

勝者

史上サイコーのアメリカン・マッスルカー

シボレー・コルベットZ06

ホンダが扱っていたジープ・チェロキーや、売れなくても話題にはなったネオンやサターン、あるいは、けっこう売れてヤナセを喜ばせたキャデラック・セヴィルなどを思い起こすと、最近のアメリカ車の凋落ぶりといったらない。理由のひとつは、戦争だと思う。戦争ばっかりしているから、アメリカのクルマは売れないのである。

いまでも思い出すのは、旧型コルベットのモデル末期に出たコンバーチブルの50周年記念モデルだ。試乗したのは2003年3月。米軍によるイラク空爆が始まってすぐのころだった。

アニバーサリーレッドのボディに、ベージュの幌、アルミホイールはシャンパンゴールドという、ド派手なアメ車に、こんなとき乗れるか!?と思って、山の中をコソコソ走った。試乗記では「コルベットがミサイルなら、当たらないですから」みたいなことを書いて弁護したけれど、どう考えたって道理の立たない戦争をやっている国のクルマを、積極的にお薦めする気持ちにはなれなかった。

戦争による厭米ムードがちょっと下火になったかと思ったら、こんどは未曾有の原油高が日本にも波及して、アメリカ車にはまたツライ局面が訪れている。しかし、そんななかでも、お薦めできるクルマが今回の2台なのだが、どっちがよりお薦めかといえば、迷わずコルベットを挙げる。

SRT8もいいクルマだが、5・7ℓモデルと比べて、それほど大きな差は感じられない。〝想定内〟である。逆に言うと、いっそのこと5・7ℓモデルをぜんぶSRT8に差し替えてもいいような気がした。

その点、Z06は、もともと筋肉自慢のコルベットのなかで、さらにハジけまくったコルベットである。2005年春、C6コルベットのお披露目試乗会が日本で開かれたとき、ランチの席で開発スタッフのアメリカ人が、「こんど出す〝ズィーオーシックス〟ってのは、もっとスゴイんだぞォ」と自慢していた。新型コルベットのプレゼンで来日したのに、ノーマルモデルそっちのけで発売前のグレードを熱く語る。開発チームに昔ながらのカーガイ（クルマ野郎）がまだたくさんいるのもコルベットの財産だろう。

Z06ほどつくり手の顔が見えるアメリカ車はほかにない。スポーツカー好きの肺腑をえぐる、史上サイコーのコルベットである。

ドロップヘッドいまむかし

トヨタMR-S

トヨタ MR-S V エディション・ファイナルバージョン：全長×全幅×全高＝ 3895 × 1695 × 1125mm ／ホイールベース＝ 2450mm ／車重＝ 1020kg ／エンジン＝1.8ℓ直 4DOHC（140ps/6400rpm、17.4kgm/4400rpm）／トランスミッション＝ 2 ペダル 6MT ／駆動方式＝ MR ／乗車定員 2 名／価格＝ 240 万円

VS

マツダ・ロードスターRHT

マツダ・ロードスター RHT：全長×全幅×全高＝ 3995 × 1720 × 1255mm ／ホイールベース＝ 2330mm ／車重＝ 1130kg ／エンジン＝ 2 ℓ 直 4DOHC（170ps/6700rpm、19.3kgm/5000rpm）／トランスミッション＝ 6MT ／駆動方式＝ FR ／乗車定員＝ 2 名／価格＝ 270 万円

トヨタMR-S VS マツダ・ロードスターRHT

どんなクルマ？

最後の量産ミドシップ

2代続いたMR2に代わり、99年10月に登場した1・8ℓのミドシップ・スポーツ。正式デビュー前の海外ショーでは〝MRスパイダー〟の名で紹介されたとおり、軽妙なオープンボディを最大の特徴とする。

かつて2代目MR2をテストしたイギリスの自動車専門誌は、操縦性が不安定だと指摘して、表紙にスピン中の分解写真を掲載した。スーパーチャージャーやターボで高馬力競争に走ってきたMR2に比べると、一転、肩の力が抜けたところがMR-Sの真骨頂といえた。

試乗車は2007年初めに限定1000台で発売された〝Vエディション・ファイナルバージョン〟。広報車には6段シーケンシャルMT仕様しかなかったが、2000年に5段型から始まったこの2ペダル変速機は、以後、通算で販売の4割を占めたという。

クーペにもなって、プラス20万円

フルチェンジから1年後、2006年8月に追加された3代目ロードスターの電動メタルトップ。2ℓエンジンを始めとするランニング・メカは、ソフトトップと同じ。重量増も同グレード比で40kgに抑え、「人馬一体」のコンセプトも揺るぎなしと謳う。

97年のメルセデスSLKに始まる電動メタルトップは、ソフトトップがあたりまえだったオープンカーのブレーク・スルーである。それ自体、オオゴトだから、商品性のハイライトとして扱われる。にもかかわらず、ロードスターでは、そのリトラクタブル・ハードトップとソフトトップがシレっと併存している。それが、よく考えるとスゴイ。ソフトトップの20万円増に抑えた価格が好感され、登場以来、RHTの販売比率は7割を超えている。

6段MTの試乗車はシリーズ最上級グレードのVS

価格は6段MTから8万円高の240万円。

で、価格は270万円。

どちらがファン？

スイスイ走る

デビューから8年弱。最後に試乗したのも、もう数年前のことだ。新車として乗る最後のMR‐Sやいかに、と興味津々で握ったステアリングの印象は、以前と変わらなかった。シンプルなものは、ずっとシンプルなのだ、ということをあらためて実感する。

MR‐Sの魅力は〝軽さ〟である。初期型にあった1トン以下のモデルはもうないが、さよなら特別仕様のこれでも1020kgにとどまる。軽い重量は、運転感覚にもそのまま反映し、乗っても、軽い。ミドシップならではの微舵応答性や回頭性のよさとあいまって、〝スイスイ走る〟という表現がこれほど似合うスポーツカーも珍しい。

エンジンはロータス・エリーゼSにも使われている

立派なスポーツカー

軽さをもって旨とするMR‐Sから乗り換えると、ロードスターは歴然と立派なクルマである。よく言えば、より重厚で高級。そのかわり、MR‐Sのような小気味よい軽快感は薄い。スポーツカーに何を期待するかによって、おのずと評価は分かれるはずだ。

40kgの重量増を伴う電動メタルトップが、デメリット皆無とは言えない。屋根を閉めたまま、小雨のワインディングロードをそこそこのペースで走り出したとき、あれっ、3代目ロードスターがこんなにグラッとロールしたっけ、と思った。後日、晴れた峠道でオープン走行を味わうと、そんなひっかかりは吹き飛んだが、なにしろ上屋《うわや》が重くなるのだから、スポーツカーとしての走りに影響がないわけはない。軽さにこだわ

1ZZ-FE。1・8ℓで140psと、いまやカタログアピールには乏しい。実際、モリモリしたパワー感とは無縁、というか、むしろ、線が細い。けれども、エンジンパワーではなく、まずなにより軽さで走っている〝感じ〟がMR-Sの特徴であり、気持ちよさでもある。その点では、エリーゼと同質のファン・トゥ・ドライブをもつ。

馬力荷重を計算すると、速さは明らかにロードスターのほうが一枚上手のはずだが、100km/hから同じギアで横一線のフル加速を試みると、意外やMR-Sが善戦した。結局、最後はロードスターがマクるものの、踏み始めの数秒はMR-Sが先行するのである。馬力荷重どおりの差を見せつけたいなら、ロードスターのドライバーは、常にMR-Sよりひとつ低いギアに落として加速する必要がある。

6段MTをクラッチペダルレスにしたシーケンシャル・ギアボックスは、これでお蔵入りにしてしまうのが惜しいほど完成の域に達している。フロアセレクター、ステアリングスイッチ、どちらでやっても、変速は十分スピーディでスムーズだ。その点に不満がな

るロードレーサー乗りは、サドルを軽くしたがる。立ちこぎで自転車を振ったときに、効くからだ。

それはともかく、ハンドリングコースをハイペースで駆けると、ジンワリと溜飲が下がってゆく、その基本はソフトトップと変わらない。コーナーの脱出時、絶妙の位置にある外側後輪が、ムリムリっと路面を蹴り出す。4輪のフットプリント全体をいかにも贅沢に使ったFRならではのダイナミックな操縦感覚には、MR-Sの俊敏さとはまた違ったファン・トゥ・ドライブがある。

170psの2ℓエンジンは、重量増を感じさせず、依然、パワフルである。レブリミットは7000回転をわずかに超えるが、MR-Sの1・8ℓユニットより吹き上がりは重く、音もずっと大きい。レブリミットでの燃料カットがかなりぶしつけなのは気になるが、それも含めて、存在感はあるし、回し甲斐もある。クルマのなかで、エンジンの占める印象がMR-Sよりはるかに大きいのだ。

満タンで500km近くを走り、燃費は**11・3km/ℓ**をマークした。2ℓの快速スポーツカーでこれだけ走

いので、試乗中、わざわざクラッチペダルを踏みたいとは思わなかった。このセミオートマの一大特徴は、Dレンジに相当する完全自動変速モードをもたないことだが、逆に言うと、よくぞトヨタがそこまでスポーツに割り切った変速機をつくったものだと思う。

れば、まずまず以上だろう。一方、MR-Sは約300kmで**10・9km/ℓ**を記録した。ロードスターのほうが計測距離が長く、高速巡航区間の比率も高かったので、燃費には有利だったはずだ。ただし、MR-Sのほうは使用燃料がレギュラーですむ。

どちらが実用的？

手動ソフトトップで悪いか

内外装に特別仕様が施されたこの限定モデルの居住まいについて、細かく触れることはしない、なぜなら、1000台はとっくに売り切れているからだ。だが、どんなMR-Sであれ、乗った途端、スポーツカー好きの琴線に触れるのは、着座位置の低さである。シート座面も低いが、ダッシュボードも低く、嵩《かさ》も小さいので、前方視界はすばらしくいい。低くても、もぐり込んだような鬱陶しさのないドライビングポジションは、それだけでコーナリング時の武器になる。

ソフトトップを駆逐する実力

電動メタルトップというのは、堅い屋根のフィクスドヘッド・ボディと、オープンボディとが1台で両方手に入る、ありがたい機構である。これ1台ですむのが画期的なところなのに、ロードスター・シリーズでは、あたかもエンジン・バリエーションのように、ソフトトップのオープンボディが併存している。ほかに例のない品ぞろえといえる。果たして、ユーザーはどのように選択しているのだろうか。絶対数が限られるこのクラスで、RHTが7割以上を占めるという現状

その点、プレミアム化でダッシュボードや計器盤を増量した3代目ロードスターは、守られ感と引き換えに〝地面感〟を少なからず売り渡してしまった。ただし、基本設計が古いだけあって、MR-Sはボディの剛性感がロードスターより明らかに劣る。

MR-Sの上屋はもちろん手動ソフトトップだが、使い勝手は申し分ない。2カ所のロックを外し、グリップを掴んでそのまま後ろへ放り、カチンとラッチを噛ませる。慣れれば、最後まで腕を後ろに延ばすだけで、前を向いたままできる。上屋の小さい2座オープンカーの場合、単に労力の問題だけで言えば、電動トップにする必要などないのである。

リアにトランクを設けなかったのはMR-Sの割り切りのひとつだが、シート背後にある収納ボックスの容量は意外に大きい。今回、そこを開けてみて、樹脂のフタが厚紙みたいに薄くなっているのに驚いた。確証はないが、何度かのコストダウンで肉薄化が図られた結果に違いない。だからこそ、クルマそのものがここまで長生きできたとも言えるが。

が今後も続くと、果たしてソフトトップは生き残れるのだろうか。といった疑問も沸くが、でも、べつにもう柔らかいほうは生き残れなくたっていいんじゃない、と思えるほどRHTの完成度は高い。

閉めているときは、クーペそのもの。オープンでも十分高いボディ剛性は、クーペだとさらに一段アップする。最後のロック操作で、ルーフにテンションがかかるためだろう。ロック操作は手動だが、電動開閉はいずれも12秒ほどで完了する。上屋の大きい4座オープンと違って、二つ折れに畳まれたルーフはシート背後の専用スペースにあと腐れなく収まる。リアのトランクルーム容量はソフトトップ・モデルと変わらないという。

RHTだからといって、内装のつくりがとくに大きく変わるわけではない。現行ロードスターに乗るたびに思うが、いかにも慣性マスの大きいステアリングホイールはもう少し軽快なものにならないだろうか。カーショップでおいそれとハンドルが替えられる時代ではないのだから。

勝者

和製エリーゼに惜別の軍配

トヨタMR-S

2000年に日産シルビアから〝ヴァリエッタ〟というオープンモデルが出た。国産初の本格的な電動メタルトップだったが、（少なくとも当時の広報車は）トップを閉めていると、ルーフのキシミ音がひどかった。最近では、800万円もするBMW335iカブリオレ（の少なくとも広報車）が、後席ピラー付近の1カ所からキシミ音を発していた。堅いルーフを折り畳んでしまえるようにした電動メタルトップは、さぞやノウハウのカタマリなんだろうなと思わせた。

その点、マツダ・ロードスターのリトラクタブル・ハードトップは、「これもあるんですけどォ……」という控えめな登場のわりに、とても出来がよい。

すっかり熱帯性気候になってしまった夏場の首都圏で、炎天下、ソフトトップのオープンカーが月極駐車場に止まっていたりすると、ひとごとながら、忍びない。罰ゲームの耐熱試験を受けているようだ。

メタルトップなら、そんな状況でも安心である。もちろんセキュリティも向上する。各論で書いたとおり、40kgの重量増は操縦性に影響ゼロではないが、数々のメリットを考えれば、わずかなマイナスである。それに、3代目ロードスターのソフトトップは、サイドウィンドウと接するあたりの曲線が必ずしも美しくない。

そもそも、マツダ・ロードスターは初代ユーノスのころから、官能で売るタイプのスポーツカーではない。スポーツカー生活の水際を広げる、まじめで真っ当な実用スポーツカーである。それならば、まさにクオリティ・オブ・ライフを向上させる電動メタルトップは、益あって、害なしだろう。RHTは、現行ロードスターの一バリエーションというよりも、エンジン排気量を上げ、ボディもひとまわり大きくして、よりプレミアムに振った3代目の〝完成形〟だと思う。

一方、MR‐Sは、大型化やアップデイトを拒否して、終焉を迎えたライトウェイト・ミドシップスポーツである。初代MR2（AW11）に先祖返りしたような軽さを身上とする。

だが、ロードスターが2代目だったころは、ガチンコライバルとして抵抗なかったが、今回は正直言って、さすがにやや格違いの感も拭えなかった。車重は100kgしか違わないし、排気量も200ccの差だが、俄然、立派になった現行ロードスターと比べると、よしあしとは別に、クラスがひとつ下の感じがしたのである。AW11を通り越して、ホンダ・ビートを彷彿させた。

とはいえ、MR‐Sには依然、軽快感という官能がある。「官能的なほどの軽快感」といってもいい。ロードスターは、ワインディングロードのようなしかるべき場所へ行かないと、なかなか溜飲が下がらないが、MR‐Sは御近所をグルッと回っただけで、リフレッシュできる。その意味では、和製ロータス・エリーゼと言いたい。

「いまから自分でお金を出して買うなら、ロードスターですね」と、担当編集のタクローは言ったが、ぼくはいまから自分でお金を出して買うのでも、MR‐Sをとる。

てなわけで、かつてビートとAW11のオーナーだった人間としては、去りゆくMR‐Sにはなむけの軍配をあげたい。

ドイツのクーペといっても、こんなに違う

BMW335iクーペ

BMW335i クーペ：全長×全幅×全高＝ 4590 × 1780 × 1380mm ／ホイールベース＝ 2760mm ／車重＝ 1620kg ／エンジン＝ 3 ℓ 直 6DOHC ターボ付（306ps/5800rpm、40.8kgm/1300-5000rpm）／トランスミッション＝ 6AT ／駆動方式＝ FR ／乗車定員＝ 4 名／価格＝ 701 万円

VS

アウディTTクーペ3・2クワトロ

アウディ TT クーペ 3.2 クワトロ：全長×全幅×全高＝ 4180 × 1840 × 1390mm ／ホイールベース＝ 2465mm ／車重＝ 1470kg ／エンジン＝ 3.2 ℓ V6DOHC（250ps/6300rpm、32.6kgm/2500-3000rpm）／トランスミッション＝ 6AT ／駆動方式＝ 4WD ／乗車定員＝ 4 名／価格＝ 574 万円

BMW335iクーペ VS アウディTTクーペ3・2クワトロ

どんなクルマ？

珠玉の直6ツインターボ

ドイツ車のなかでも、とりわけ多産な感じがするBMWの最新作。単なる〝3のクーペ〟かと思ったら大間違い。エンジンはまったく新しい3ℓ直列6気筒。クランクケースはセダン用3ℓ直6のマグネシウム合金ではなく、オールアルミ製。〝上〟も新設計で、バルブトロニックではなく、高精度なピエゾ・インジェクターによる直噴方式を採用する。

ハイライトはツインターボの採用で、2基の三菱重工製小型ターボチャージャーが3気筒ずつを束ねて過給する。パワーは306ps。M3でもないのに300psの大台に乗った初めての3シリーズである。6段ATも新しく、ロックアップ領域の拡大や、トルクコンバーターの改良などで、変速の応答時間は従来型より40%短縮したという。

価格は701万円。258psの330・i（セダン）よ

大きくなったが、重くなってはいない

ビッグマウスの〝シングルフレーム〟を取り入れた2代目TTクーペ。目つきもプレスラインも一気に鋭くなったボディはひとまわり大型化。全幅に至っては、プラス75㎜の1840㎜に成長したが、車重は大人ひとり分、軽くなった。ボディや足まわりにアルミを多用した成果である。とくにフレームはスチールを併用したASF（アウディ・スペース・フレーム）を採用し、軽量化と重量配分の最適化を図ったという。

3・2クワトロのエンジンは、250psの3・2ℓV型6気筒DOHC。ゴルフR32用と基本的に同じ挟角15度のコンパクトなV6に、フルタイム4WDのクワトロ・システムが組み合わされる。変速機はDSGの名でデビューした6速のSトロニック。

価格は2ℓターボのFFモデルより134万円高い574万円。しかし、BMWを前にするとアウディも

り76万円高い。

お買い得に感じられる。

どっちが速い？

すばらしいエンジンとAT

車重1620kgに306psで、5・4kg／ps。330iセダンよりさらに有利な馬力荷重をもつのだから、速いのは当然だ。0-100km／hは5・7秒。335iクーペはポルシェ・ケイマンS並みのパフォーマンスを誇る4座クーペである。

新しいストレート6は、新鮮で、そして独特だ。ターボ特有の二次曲線的な加速感や、過給のさんざめきなどは、ない。ターボっぽさという意味では拍子抜けするかもしれないが、スポーツエンジンとしてのおもしろさは3シリーズ随一である。

40・8kgmの最大トルクはわずか1300回転から沸き上がる。ツインターボはそのための道具である。結果、いつでも踏んだ途端、速い。6段ATでフルに引っ

気持ちよく速い

335iクーペとガチンコ勝負をしてしまうと、実力の開きは少なくないが、TTクーペもこれだけに乗っていれば、気持ちよく速いクルマである。

250psのパワーを初めとするアウトプットは、発生回転数も含めて、ゴルフR32のスペックと同一だが、思い起こすと、TTクーペのエンジンのほうが吹き上がりが軽いような気がした。

さらにいちばん違うのはエンジン音で、TTクーペは「バラララ」というような、プリムス・バラクーダ系OHVビッグ・キャブを思わせる排気の脈動音が、2000～3000回転の間でかすかに聴こえる。クルマの性格に合った音とは言いかねるが、同じエンジンのゴルフR32にはまったくなかった演出(?)である。

BMW335iクーペ

張ると、7000回転まで回るが、むしろ伸びより厚みで圧倒するエンジンである。

しかも、こうしたキャラを肉付けしているのがすばらしいATで、変速はTTクーペのSマチックより素早い。そのため、100km／hから横一線でヨーイドンのDレンジ・フル加速を試みると、これだって5kg／ps台後半の馬力荷重をもつTTクーペをまったく寄せつけなかった。ロケット加速の335iクーペは、スペックから現れる以上の瞬発力を見せつける。

VS

アウディTTクーペ3・2クワトロ

出たての初代TTクーペは、マニュアルでしか乗れないクルマだったが、こんどはSトロニックが与えられ、日本仕様は2ペダルのみの品ぞろえになった。この湿式クラッチ式マニュマチックは、変速スピードなどの設定に大きな自由度があるのが特徴で、パサート用やジェッタ用などは、かなり快適志向に振られ、トルコンのフルATと区別がつかない。このクルマも変速マナーに過度なスポーティさはなく、ゴルフGTIほどの〝直結感〟は味わえない。

どっちがファン？

ベスト・ハンドリングBMW

もともとBMWは軽いクルマではない。335iクーペも、電動サンルーフの20kgをプラスして1620kg。40cm全長の短い、しかも〝ほぼアルミフ

大型化のハンデなし

ゴルフR32同様、この3・2ℓV6は4WDのみの設定である。TTクーペで好んで雪道を走る人はいないと思うが、3・2ℓでも二駆でいいという要望には

レーム〟のTTクーペ（1470kg）と較べるのはかわいそうだが、低く構えたコンパクトなフォルムからはやや予想外の重量級だ。

だが、このクルマ、山道では実にファン・トゥ・ドライブである。高級なロール感を伴うコーナリングマナーは、TTクーペより127万円高いのもやむなし、と思わせるに十分だが、それだけでなく、スポーティさもきわめつけだ。

回す必要なし、〝押す〟だけでこと足りるようなアクティブ・ステアリングは、過去に試した装着車で最も自然なフィールをもち、クイックさといういいところだけが味わえる。ESPの手助けも絶妙で、少しもお節介を焼くことなく、ぎりぎりまでドライバーを楽しませてくれる。それやこれやで、おもしろいようによく曲がる。ワインディングロードを飛ばしていると、130iよりもむしろ小さなクルマに感じられた。間違いなく、現行BMWきってのハンドリングカーである。しかも、乗り心地は3シリーズ・セダンより上質で快適だ。ランフラットタイヤのゴツゴツ感もついに消失した。文句なしの足まわりである。

イッキ討ち

応えてもらえない。クワトロ・システムは、まず250psを御するための四駆と考えるべきだろう。このパワーで前輪駆動だと、アルファ147GTAのようなジャジャ馬になってしまうのである。と考えると、「二駆の後輪駆動」＋「優秀なアンチスピン制御」という335iクーペのほうが、考え方がよりシンプルといえる。

とはいえ、今回のモデルチェンジでTTクーペが大きく進化したのはハンドリング性能である。旧型と較べると、サスペンションのストローク感は増し、脚がよく動くようになった。ステアリングもいい意味で軽くなった。おかげで、ワインディングロードをより軽快にすっきり飛ばせるようになった。大型化したボディのハンデがないのである。

その印象には、視界の改善も大きく貢献している。要塞の小さな窓から外を覗くようだった特徴的な前方視界は、新型TTクーペではすっかり改められた。〝見切り〟がよくなったので、ボディの四隅感覚が掴みやすい。コーナーのインにもつきやすくなった。スポーツクーペとしていちばん大きな改善点かもしれない。

BMW335iクーペ VS アウディTTクーペ3.2クワトロ

どっちが実用的？

自転車も運べるクーペ

2台とも車検上の定員は4人だ。335iクーペは後席フロア中央部にもコンソールが立ちはだかる。TTクーペの後席は、911同様、リアシート型物置きと考えたほうがいい。

335iクーペは、後ろに大人ふたりがちゃんと座れるフル4シーターである。しかも、トランク内のレバーを引くと、リアシートの背もたれがパタンと倒れて貫通荷室になる。ハッチバックでこそないが、この状態なら、スポーツ自転車が横倒しで1台収納できる。2ドアクーペとしてはきわめて実用性の高いボディといえる。

装備関係でおもしろいのは、〝オートマチック・シートベルト・ハンドオーバー〟という新機軸である。前席に座って、ドアを閉めると、斜め後ろからシートベルトがお迎えにきてくれる。細いプラスチックのバー

オシャレなカップル・クーペ

3シリーズセダンとそれほど大きな違いはない335iクーペに対して、TTクーペの居住まいはやはり〝遊びのもの〟である。ダッシュボードやウエストラインの位置が相対的に下がって、まわりがよく見えるクルマになったのは、前段で触れたとおりだが、そうなってみると、コクピットは、スポーツカーというよりも、ややスペシャルティカーっぽくなった。

旧型の室内には〝黒一色〟のイメージがあったが、試乗車の内装は明るめのグレー。革の芳香を漂わせるレザーシートも、濃淡のグレーを使い分ける。初めて乗り込んだときは、「あれっ、TTクーペってこんなにオシャレだったっけ」と、正直ちょっと戸惑った。

しかし、助手席側に首を振ると、弓なりのルーフ・ラインが外の景色をきれいに切り取っている。ダッシュボードに5つ並ぶエアコン吹き出し口には、アル

がベルトの裏側を押したままスルスルと延びてきて、ドライバーに手渡ししてくれるのだ。ベルトのアンカーを設置するセンターピラーがはるか後方にある2ドアクーペならではの親切装備である。たしかに腕を不自然に延ばしてベルトを探す不便がなくなる。旅館の仲居さんが、おしぼりを差し出すようなハンドオーバーぶりもカワイイ。BMWの新たな一側面を見る思いだ。ディーラーの展示車でぜひお試しあれ。

ミのリングが輝く。そうしたアイコンは旧型からの引き継ぎだ。

ただ、この内装で少し気になったこともある。明るく賑やかにはなったけれど、質感は必ずしも向上していない。むしろ、コスト下げやがったなと思う。同じ印象は、新しいA6オールロード・クワトロにも感じた。そうした素振りを内外装ではけっして見せなかったのがアウディだったのに。

勝者

M3よりも価値がある

BMW335iクーペ

「あー、クーペがほしい！」なんて言っている人を、見たことがない。すごく好きになったクルマが、たまたまクーペだった。クーペとは、そういう存在だろう。

まさにそういうクルマとして、初代のアウディTTクーペは、とてもいいクーペだった。好きになった人は、「アーチ型」をテーマにしたような斬新なコンパクト・クーペボディにまず心を奪われたはずだ。ちょうど同じころに出た水冷の新生ポルシェ911(996型)と見較べても、デザインのインパクトはずっと上に感じられたものである。

今度の2代目は、基本フォルムを踏襲しながらも、ひとまわり大型化した。しかし、フレームなどにアルミを多用して、重くはしなかった。乗った感じも、より洗練されて、カルくなった。デートカーとしてのポイントを上げたといってもいい。

大口グリルや、尖ったプレスラインを受け入れた結果、スタイリングの純度はちょっと薄まったように思うが、それを補って余りあるのが、〝見切り〟の改善である。カッコはいいが、乗ると、フルフェイス・ヘルメットをかぶったように鬱屈した前方視界が、飛ばしゴコロをいささか萎えさせた。あの欠点が新型では改善されている。デザインが薄まって、すごく好きになる〝すごく度〟は下がったかもしれないが、ファン層の裾野は広がると思う。そういう意味で、今度のモデルチェンジはポジティブだと思う。

一方、335iクーペは乗ってビックリの真正ドライバーズクーペである。動力性能も運動性能も、そしてファン・トゥ・ドライブも、BMW随一である。価格は高いが、しかしこの値段なら、M3よりも価値がある。

しかも、335iクーペには、スパルタンな手応えが微塵もない。ワインディングロードでコーナリングマシンぶりを披露しているときでも、軸足は高級車に置いたままである。だから、デートカーとしても一級品だ。

各論で書き忘れたが、約300kmを走ったテスト中の燃費は、TTクーペが8・2km/ℓ、335iクーペが8・5km/ℓだった。2割以上パワフルなツインターボカーなのに、この直噴ストレート6は燃料経済性でも優秀だ。

これまで賛否両論あったアクティブ・ステアリングやランフラットタイヤも、ここに至って、ついに欠点が解消された。BMW、迷いなし。そのブレのなさで、こちらも迷いなく335iクーペの勝ちとしたい。

意外に迷う身内同士の対決

マツダ・ロードスター

マツダ・ロードスター RS：全長×全幅×全高＝ 3995 × 1720 × 1245mm ／ホイールベース＝ 2330mm ／車重＝ 1100kg ／エンジン＝ 2 ℓ 直 4DOHC（170ps/6700rpm、19.3kgm/5000rpm）／トランスミッション＝ 6MT ／駆動方式＝ FR ／乗車定員＝ 2 名／価格＝ 250 万円

VS

マツダ RX-8

マツダ RX-8 タイプ S：全長×全幅×全高＝ 4435 × 1770 × 1340mm ／ホイールベース＝ 2700mm ／車重＝ 1310kg ／エンジン＝ 1.3 ℓ 直列 2 ローター（250ps/8500rpm、22.0kgm/5500rpm）／トランスミッション＝ 6MT ／駆動方式＝ FR ／乗車定員＝ 4 名／価格＝ 289 万 8000 円

どんなクルマ？

軽量設計は相変わらず

「人馬一体」の3代目。シャシー・コンポーネントをRX-8と共用すること、エンジンを2ℓに拡大すること、衝突安全性や環境性能をアップデイトすること、といった縛りやお題を与えられながら、いちばん重いモデルでも車重を1100kgに抑えた。そのスペックだけで新型ロードスターはスポーツカーとして表彰状モノだろう。車重規制がないのをいいことに、ワンボックスだと1トンオーバーも珍しくなくなった軽自動車よ、恥を知れ。

試乗車の〝RS〟は最も走り屋好みのモデルである。170psの2ℓ4気筒DOHCに6段マニュアルを組み合わせ、ビルシュタイン製ダンパー、LSD、7Jアルミホイール+205／45R17、ディスチャージ・ヘッドランプ、フロントサス・タワーバーなどを標準で備える。

世界で唯一のロータリー搭載車

2005年の1月は131台だった。2月は41台だった。がしかし、3月はいきなり2407台に跳ね上がった。RX-8の登録台数である。

2004年末にボディ剛性強化バージョンの特別仕様車が発売された。翌年3月の狂い咲き（?）は、その登録が集中したためだ。かつてのRX-7と較べると、素人目にはかなり地味に見えても、実はかようにエンスーきわまりないウケかたをしているのがRX-8である。ちなみに4月からは531台、550台、699台、622台と続く。2005年の春先からはなかなか売れ行き好調だ。どうりで、最近、街でけっこうよく見かけると思った。

試乗車はレギュラーラインナップのトップモデル〝タイプS〟。250psのハイチューン13Bロータリーに6段MTを組み合わせ、スポーツ・サスペンション価格は２５０万円。最廉価版の５段ＭＴモデルより30万円高い。

や２２５／45Ｒ18タイヤなど、足まわりにも強化が及ぶ。価格は２８９万８０００円。

どっちが速い？

ＲＸ-８より速い

１・６ℓで始まった初代ロードスターに１・８ℓが加わったときには、国民的議論が巻き起こったが、３代目は問答無用の〝２ℓのみ〟である。これを否定したら、話は始まらない。自動車雑誌の特集も組めない。かどうかはわからないが、でも、幸い２ℓ化で失ったものは何もない。

アテンザ用をリファインしたツインカムは、とくに明確なトルクの山こそ感じないが、７０００回転まできっちり回る。音は〝ガーガー〟と色気ゼロで、４バルブとは思えないほど〝上〟がダメだった旧型ツインカムよりは格段に進歩した。

スポーツカーはこっち

アイドリングでクラッチを繋いだら、あとはレブリミットまでベタ踏み、という方式でデュアル・スタートを試みると、なんとＲＸ-８はロードスターにかなわなかった。加速開始直後についた4分の3車身差が、2速いっぱいまで引っ張っても取り返せないのだ。２５０ps対１７０ps。車重を考慮しても、ＲＸ-８のほうが遅い理由は見当たらないのに、まったく不可思議である。

とはいうものの、ロータリーならではの、なにかをねじ込んでいくような回転フィールは、相変わらず魅力的だ。ロードスターから乗り換えて、最初のひと加

マツダ・ロードスター

さらに明らかなアドバンテージは、エンジンが大きくなったことによるトルクの積み増しだ。キックダウンできないMTですら、たとえボーっと油断して走っていても〝遅いクルマ〟ではなくなった。このおかげで、新型ロードスターは格段にATウェルカムなクルマになったといえるだろう。

　RX-8とほぼ同じ行程を走った約300km区間で、燃費は**9・5km／ℓ**とまずまずだった。一方、RX-8は大差をつけられて**6・4km／ℓ**にとどまった。遅さ（後述）を考慮すると、ロータリーの燃費の悪さはやはりいかんともしがたい。

VS

マツダRX-8

速を味わうたびに、「スポーツカーはこっちだ！」と思わせるのは、このエンジンあったればこそである。ノンターボだから、RX-7時代のような暴力的にして刹那的な速さはない。そのかわり、パワーに人心地がついて、ロータリー独特の〝表情〟はよくわかるようになった。

　過回転を警告するブザーは8500回転で鳴る。そこまで引っ張ると、1速で62、2速で104km／hに達する。ロードスターよりもそれぞれ10km／hほど余計に引っ張れる。なのに、たかだか170psのレシプロ機になぜ遅れをとるのか、くどいようだが、不思議である。本当に250ps出ているんだろうか。

どっちがファン？

〝人馬一体〟かはともかく

マツダが好きな「人馬一体」という言葉、それが操

4座を忘れさせる操縦性

RX-8・タイプSはロードスターRSより210kg

縦性についてだとすると、ロードスターがとくに人馬一体感を与えるクルマだとはぼくは思わない。そういう意味では、ユーノス時代ならホンダ・ビートのほうがよかったし、いまでも国産オープン2シーターでクルマとの一体感が最も味わえるのはトヨタMR-Sだと思う。なのに、人馬一体って……、そもそも馬じゃないじゃん。

それはともかく、歴代ロードスターのハンドリングは、ライトウェイトFRとして、徹底して素直なことが身上ではないか。そういう意味だと、新型もまさに正常進化である。

試乗車にはオプション（約7万円）のDSC（ダイナミック・スタビリティ・コントロール）が付いていたが、本気で攻め込むと、予想外に早くアンチスピン制御が働く。ぼくのウデでも、もうちょっと遊ばせてくれたって、と感じることがあった。とはいえ、やっと品揃えしたDSCを、よくてオプション、標準車では設定すらなし、としたのはいかがなものか。硬派の飛ばし屋にも不満を与えない、絶妙なアシストを味つけして、それを全車に標準で与えるというのが、大衆的スポーツカーの正しい安全装備だと思うのだが。

重く、ホイールベースは37cm長い。スポーツカーとしては大きなハンディになりそうなそんなスペックに加えて、250psのパワーにも、前述のとおり、額面ほどの力強さを感じなかった。

だが、山道へ持ち込むと、RX-8はファン・トゥ・ドライブである。サスペンションの基本コンポーネントをRX-8と共用するロードスターは、旧型NBと較べると、はるかに足が動くようになったが、RX-8・タイプSの足まわりもデビュー直後のモデルより少ししなやかさを増したように感じた。

全グレードに標準装備されるDSCのチューニングは秀逸で、早期に効きすぎたり、唐突に介入したりする余計なお世話感はない。おかげで、ワインディングロードではロードスターより溜飲が下がる。4シーターだから、〝後ろが長い感じ〟はたしかにあるが、肩から素直に入る気持ちよく速いコーナリングを味わっている最中に、「そういえばこれ、リアシートもあるんだよなあ」と思うと、ハッと感心させられる。さらに、ギュイーンと回るロータリーのハイレブをキープして、パワーを紡ぎ出す仕事は、繊細であるし、なかなか知的でもある。

どっちが実用的？

3代目はプレミアム

試乗車にはサドルタンの本革シートが付いていた。これは9万4500円のセットオプションで、自動的に内装色も茶色になり、ソフトトップはタンのクロス地になる。年配層も引きつけるシブイ取り合わせだ。ダッシュボードの垂直面に光沢のある樹脂パネルを使った内装は、旧型（NB）より高級感を漂わせるようになった。けれども、ベリーサなんかと一緒で、あまりまじまじと見たり、爪を立てて叩いたりはしないほうがいい。あくまで高級〝感〟なのだから。

天頂部に硬いボードを入れてZ型に開くようにしたソフトトップは、格納時の美観を得ながら、カンタン開閉も相変わらずだ。慣れれば、座ったまま開け閉めができる。ロックレバーも中央1カ所に減った。

ただ、ソフトトップをかけると、サイドウィンドウとの接合部近辺がどうもヨレッと弛んでいて、ちょっ

ちゃんと座れる後席

試乗当日は快晴。オープン・コクピットのロードスターから乗り換えると、RX-8は分が悪かった。両サイドガラスに巻き尺をあてて、室内幅を測ってみると、2台はドンピシャリ同じなのだが、青天井の相手と較べると、開放感に勝るわけがない。黒一色の内装カラーも硬派で男っぽい。しかし、モテないかもしれないが、もうモテなくてもいいファミリーパパだって使えるのがこのクルマの真骨頂である。

側面ドアは観音開きで、前ドアが後ドアの外ブタのようになっている。まずフロントを開けないと、リアドアは開かない。アメリカのダブルキャブ・ピックアップにならったドア構造だ。この方式のために、後席から自分ですぐにドアを開けて出られないのが不安だが、そのかわり、この半人前リアドアのおかげで、ホイールベースをフェアレディZの5㎝増しにとどめるこ

とカッコわるい。天頂ボードがわるさをしているのか、幌骨の出っ張りもやや唐突に見える。でも、そのへん、カタログの写真では巧妙に美化されているゾ。なんてことをブツブツ言っていたら、ロードスター党の担当編集者に諫められた。

「いいんです、細かいことは気にしなくて。賛同した人だけが買うクルマですから」。ハイ。

とができた。「一応、大人ふたりがちゃんと座れる後席スペース」を確保しておいて、アクセス性にはちょっと我慢してもらう。後席を使う頻度が低いクルマにはワルくないアイデアだろう。

リアシートのトータルな快適性は、クーペ以上、セダン未満といったところか。窓が小さいので、閉所感はある。ただ、小さな子どもはかえってそれを喜ぶかもしれない。

勝者

ロータリーを積んで、クーペボディを載せて……

マツダ・ロードスター

2004年の夏、NBのロードスター・クーペという超カルトなクルマを衝動買いした。クーペ・スタイルにひとめ惚れしたためだが、しかし、わずか11カ月で手放してしまった。ぼくのクルマ最短所有記録である。理由は、要するに「乗ってるとカッコは見えない」ということなのだが、具体的にはまず最初、ケミカルな車内臭が強いことでミソがついた。オープンの2代目マツダ・ロードスターにはないことだから、新設した屋根に付けた内装材や接着剤のせいと思われた。

ぼくが買ったのはSPという1・6ℓの標準車である。NBのオープンモデルでは販売の半分近くを占めていた最多量販グレードだ。外観も性能もショボイので、タイヤとホイールはすぐ換えた。ブレーキもグニャッとしたペダルフィールがいやで、とりあえずパッドだけ換えた。でも、いちばん気に入らなかったのはエンジンである。吹けが悪くて、とても4バルブ・ツインカムとは思えない。慣らしが終わったところで、オートエグゼの排気マニフォールドを奮発すると、4000回転までは見違えるように軽くなった。

しかし実際、オープンボディに鉄板屋根を溶接して、安直に上を閉めるということは、パンドラの箱を開けるようなことだったらしい。エンジン音がこもるのは、まあ想定内にしても、プロペラシャフトの振動が伝わるのには驚いた。アイドリングで止まっていると、ブルンブルンという、まるで大型トラックのような周期振動が、かすかとはいえ出るのである。クローズド化でボディ剛性が上がったことのネガなのだろう。

そんなことを思い出すと、オプション込みで280万円近くになる今回の新型ロードスターはたいへんけっこう、ほぼ文句なしだった。NBから三代目のNCに生まれ変わって、とくに新鮮味があるとは思わなかったが、すべてがバージョンアップされたのは実感できる。エンジンを2ℓに大きくしながら、体感温度をこれまでどおりのロードスターに仕上げたというのは、立派である。いまの時代、プレミアムにコロぶほうが簡単にきまっているから。

一方、RX-8はオールニュー・ロードスターを前にしても、依然、ロータリー・エンジンが魅力を放った。実はその一点だけで、こんどの勝者に選ぶつもりだった。

だが、仮にいま、300万円なにがしかのおカネをもらったとして、本当におまえはRX-8を選ぶのかと聞かれると、自信が揺らぐ。やっぱりロードスターかなあ……。

だから、注文がある。ロードスターにこの13Bロータリーを積んじゃあもらえないだろうか。そして、NCにもまた美しいクーペボディをつくってもらえないだろうか。21世紀のマツダ・ロータリークーペである。

セダンかクーペか、それが問題だ

アルファ・ロメオ159

アルファ・ロメオ 159 2.2JTS：全長×全幅×全高＝ 4690 × 1830 × 1430mm ／ホイールベース＝ 2705mm ／車重＝ 1570kg ／エンジン＝ 2.2 ℓ 直 4DOHC（185ps/6500rpm、23.4kgm/4500rpm）／トランスミッション＝ 6MT ／駆動方式＝ FF ／乗車定員＝ 5 名／価格＝ 399 万円

VS

アルファ・ロメオ・ブレラ

アルファ・ロメオ・ブレラ・スカイウィンドウ 2.2JTS：全長×全幅×全高＝ 4415 × 1830 × 1365mm ／ホイールベース＝ 2530mm ／車重＝1580kg ／エンジン＝ 2.2ℓ 直 4DOHC（185ps/6500rpm、23.4kgm/4500rpm）／トランスミッション＝ 6MT ／駆動方式＝ FF ／乗車定員＝ 4 名／価格＝ 463 万円

アルファ・ロメオ159 VS アルファ・ロメオ・ブレラ

どんなクルマ？

史上最も成功したアルファ・セダンの後継

日本におけるアルファをここまでメジャーにした功労者、156の後継機。

ジウジアーロ作の4ドアボディは、一挙に大型化し、156より26cm長く、7cmワイドになった。1830mmの全幅は166を1cm上回る。衝突安全性向上の名目とはいえ、モデルチェンジでこんなにボディサイズが変わるところに、荒波にもまれるメーカーのいまを感じざるを得ない。今後のGMグループ（や旧GMグループ）系新型車に使われるGM／フィアット・プレミアム・プラットフォームや、〝タイベル〟からタイミング・チェーンに生まれ変わった新エンジンなど、提携解消で資本関係が清算されたとはいえ、GM系アルファのオリジナルモデルとして名を残すことは間違いない。

2・2JTSの価格は399万円。

そのまんま出て、ありがとう

2002年ジュネーブ・ショーにおける〝ショーの華〟の市販モデル。

オリジナルのガルウイング・ドアこそ採用されなかったが、生産型でも〝ほぼ同じ〟を貫くのは、いかにもジウジアーロ流だ。ショーモデルの中身はFRのマセラティ・クーペだったが、その後、GM傘下に入り、アルファ159の車台が手に入ったことが、トントン拍子の市販化につながった。

フロントの造形は159と見分けがつかないほどよく似ているが、ホイールベースは18cm切り詰められ、4415mmの全長も28cm短い。156（4435mm）で車庫長イッパイイッパイだった人も、ブレラなら大丈夫だ。

日本仕様のエンジンは、159と同じく、2・2ℓ4気筒と3・2ℓV6の2種類。試乗車はガラス屋根の2・2JTSスカイウィンドウ（463万円）。

どっちが速い?

マナーはいいが、アツくない

新世代のアルファ・ユニットは、4気筒とV6いずれも、GM系ブロックをベースに、アルファ・ロメオが主に〝上〟をイジって、吸排気可変バルブタイミングの直噴方式、いわゆる〝JTSユニット〟に仕立てたものである。4気筒でいえば、フィアット・ブロックを元にしたダブル・イグニションのツインスパークと、登場の経緯は似ている。

さて、その新型2・2ℓ4発、まずはマナーのいいエンジンである。7000回転まで、スムーズで静か。6気筒といっても騙されそうなくらいお行儀がいい。1570kgの車重を引き受ける185psは、けっして有り余るほどパワフルではないが、マニュアル遣いのアルフィスタなら不都合は感じないはずだ。

だが、このエンジン、アツくはない。モーターのように滑らかだが、とくにスポーティな表情は見せないし、ツインスパークのように〝聴かせる音〟の持ち主

速さは互角

ブレラはエンジンも変速機も159と共通である。6段MTのギア比、最終減速比、タイヤも同じだ。じゃあ、軽いクーペのほうが駿足だろう、と思うのは早とちりである。ボディ全長は30cm近く短く、全高も7cm低いのに、1570kgの車重は159と同一なのだ。スカイウィンドウ仕様はさらに10kg重くなる。

ためしに100km/hから横一線でヨーイドンの追い越し加速を比べても、止まっているかと錯覚するくらい、2台の〝並び〟は変わらない、かと思うと、やがてジワジワと159のほうが前へ出てゆくという、馬力荷重値通りの結果を示した。

3000km台の走行距離は同じながら、ブレラのほうが多少、吹き上がりが重い感じはした。だが、エンジンそのものの性格は同じだ。滑らかで静かだが、とくに盛り上がりもみせないまま高回転まで昇り、6800回転あたりでレブリミッターが作動し、〝中

アルファ・ロメオ159

でもない。リファインはされたが、吠えないし、泣かないという点では、後期型156の2ℓ4気筒JTS以上である。アイドリングからブリッピングしたときのモッサリしたスロットルレスポンスなどは、「低公害エンジン」という感じだ。アルファ・ユニットのわりには薄味と言わざるを得ない。残念だが、本当だ。

VS

アルファ・ロメオ・ブレラ

折れ〞という感じで7000回転で頭打ちになる。アルファのクーペなら、もう少し〝けれんみ〞がほしい。

約450kmを走って、燃費は**8・8km／ℓ**だった。一方、159は約400kmで**7・3km／ℓ**と差がついたが、今回はまったく同じルートを走ったわけではないので、あくまで参考値である。

どっちがファン？

進化したのは足まわり

156から159になって、進化したのはシャシーである。新たにリアがマルチリンクに変更されたサスペンションもいいが、新規プラットフォームという〝土台〞からして、156時代とは違う実感がある。GMの豊かな物量を借りて、よりグローバルスタンダードなクルマになったのが159のいいところである。

足まわりは、スカッと爽やかだ。スポーツセダンら

クーペだけのことはある

2台の車重が同一なのはすでに書いたとおりだが、それぞれのオーナーズ・マニュアルにある動力性能データも、この2台は同じである。すなわち、最高速222km／h、0-100km／h＝8・8秒、0-1km＝29・6秒。本当に計測したとして、この手の数値が、違うクルマ同士でまさかコンマ1秒まで同じはずはない。でも、同じことにしてお

しく、ダンピングは強力で、当たりは硬めだが、硬くても、大入力を受ければサスペンションはよく動く。おかげで、操縦性は１５６よりかろやかでスポーティになった。キレがよくなったのだ。はるかにボディが大型化したことを考えると、進歩の歩幅は大きい。

乗り心地も、アルファとしてはしっとり落ち着いている。これまでの現行ラインナップのなかで、最も乗り心地が快適なのは１５６ベースのクーペ、アルファＧＴだと思うが、１５９はあれほどズッシリ重々しくなくて、より好感がもてる。１５６だけでなく、１４７、古くは１５５や１４５のころから感じられたアルファ特有の足まわりの〃腫れぼったさ〃が、ついに消失した。ボディの剛性感も、いまやドイツ製ライバルにひけをとらない。

こうという方針なのだろう。さすがイタ車。

それはともかく、足まわりの印象のほうは、２台できちんと異なる。サスペンションの形式は同じだが、ブレラの脚は１５９よりさらにひとまわり硬められている。しかも、ホイールベースは18cmほど短い。おかげでワインディングロードでの身のこなしは１５９より一段と軽く、よりファン・トゥ・ドライブである。

大きなサイドドアとテールゲートを持ち、しかも試乗車はスカイウィンドウだから、ボディの開口部比率は１５９より大きいはずだが、剛性感はこちらも高い。荒れた舗装路だと、引き締まったサスペンションの拾うショックがソリッドなボディに軽いドラミングを生じさせることもある。そんな点も含めると、乗り心地の快適性は１５９にかなわない。

どっちが実用的？

カッコだおれにあらず

ブレラと一緒に走らせていると、ついつい忘れがち

クーペの〃くすぐり〃豊富

イタリア人はクーペづくりの天才だ。ブレラに乗り

アルファ・ロメオ159

だが、159も4ドアセダンとしてはおそろしくデザイン・コンシャス（死語？）なクルマである。バックミラーに映るフロントマスクは、ブレラと変わらないし、横っ腹だけを見せて通り過ぎても、セダンにあるまじき〝ハッとさせる何か〟をもっている。こりゃ、カタギじゃないなと。

　そういうクルマが、実用性においては、ファミリーセダンとしてなんら言い訳いらずの性能をもっている。156から引き継いだよき伝統というべきだろう。ホイールベースと全長の成長シロを考えると、キャビンスペースの拡大はそれほどでもないが、それでも、リアシートは156よりまた確実に広くなった。テールゲートのアクセス性で差をつけるブレラの荷室容積が、後席使用中の平常時で300ℓであるのに対して、159のトランクは400ℓの大きさを誇る。

　オプションのレザーインテリアでキメた試乗車の室内は、高級セダンの押し出しを見せる。

　エンジンの始動は、リモコンキーをスロットに差し込んでプッシュボタンを押すBMW方式になった。トランクオープナーのスイッチが天井に設置されたのも

VS

アルファ・ロメオ・ブレラ

込むと、つくづくそう思う。内装に使われているパーツは、多くが159と基本的に同じである。だが、質感のちょっとした違いや、色の変化などで、遊びぐるま風に演出するのがうまい。

　内装色は、モノトーンの159に対して、ブレラはツートーンになる。ダッシュボードやドア内張りに走るメタルの化粧パネルは、ヘアライン仕上げされたブライトシルバーの、より高級なものになる。速度計やタコメーターは、盤面の目盛りを159用より細かくすることで、クロノグラフっぽく見せている。そういう〝くすぐり〟がいちいち成功しているのだ。

　高級デートカーとして、前席の居住性に不満はないが、リアシートは狭い。レッグルーム、ヘッドルームともに大人用ではない。ジウジアーロ作のクーペは、後席居住性も犠牲にしないことが美風だが、ここまでショーモデルそっくりを押し通すと、そうもいかなかったということか。

　27万円高のスカイウィンドウは、前席ではあまり恩恵を感じられなかった。これなら、開閉できる一般的なサンルーフのほうがありがたい。いま流行りのこう

新趣向だ。新趣向すぎて、最初どこだかわからず往生したが。

いうガラス屋根は、ミニバンの2、3列目席を喜ばせるものだろう。

勝者

消去法で、クーペ
アルファ・ロメオ・ブレラ

アルファは、カッコとエンジンだ、と、ぼくはずっと思ってきたので、こんどの対決は、ブレラの勝ちである。

カッコとエンジンが、ブレラのほうがいいから、ではない。エンジンは同じだ。その新エンジンが、残念ながらあまりアルファらしくない。だから、アルファならではのカッコよさにより溢れたブレラに軍配をあげたい。エンジンがあまり大したことないので、せめてカッコはこれくらいでなきゃ。ちょっとキツく言えば、そういうことである。

159 2・2JTSに初めて乗ったとき、エッ、これがアルファ!?と思った。いい意味かと聞かれると、答はイエス&ノーだ。

いい意味で意外だったのは、足まわりである。車台から新設計のシャシーは、すごく出来がよい。ボディの剛性感も、ドイツのライバルを凌ぐほど高い。これまでのアルファといえば、ボディはわりとヤワ。シャシーも高性能モデルでは乗り心地無視で、ただ闇雲に硬く締め上げるきらいがあった。その意味では完全にひと皮剥けたアルファである。

一方、悪い意味で意外だったのは、エンジンだ。いや、悪いエンジンではない。6気筒かなと思うほど、マナーはいい。2・2ℓ4気筒+マニュアルのプジョー406スポーツをプライベートに愛用するNAVI編集部Nによれば、159の4気筒も、力があって楽しいエンジンだと思ったという。アーティスティック・ポイントもそれくらいには達しているのだが、各論で書いたとおり、ツインスパークを知るアルフィスタにとっては薄味である。

朗報もある。タイミングチェーン化で、〝タイベル切れロシアンルーレット〟の恐怖から解放されたことだ。159とブレラのカタログ諸元表にも「チェーン駆動式」と特筆されている。ふつう書かねェぞ、そんなこたあ。

とはいえ、新型アルファの進歩がそういうことだけで終わるのはさびしい。

大したことなかった足まわりやボディが予想外によくなって、よかったエンジンが予想外に大したことなくなってしまった。よくもわるくも、159は意外性のアルファである。

『このたびは数あるクルマの中からアルファ・ロメオ車をお選びいただき、まことにありがとうございます』

アルファ・ロメオ各車のオーナーズ・マニュアルは、昔からきまってこの挨拶で始まる。おそらく本国版の文言をそのまま邦訳したものだろう。

わかっているなら、数あるクルマの中からなぜお客はアルファを選んだのか、もういちど考えてもらいたい。アルファほど、クルマ好きに期待されているブランドはないのだから。

ミニバンの定番対超マイナー

トヨタ・ノア

トヨタ・ノアSi：全長×全幅×全高＝4630×1720×1850mm／ホイールベース＝2825mm／車重＝1590kg／エンジン＝2ℓ直4DOHC（158ps/6200rpm、20.0kgm/4400rpm）／トランスミッション＝CVT／駆動方式＝FF／乗車定員＝8名／価格＝245万7000円

VS

シトロエンC4ピカソ

シトロエンC4ピカソ：全長×全幅×全高＝4590×1830×1685mm／ホイールベース＝2730mm／車重＝1630kg／エンジン＝2ℓ直4DOHC（143ps/6000rpm、20.8kgm/4000rpm）／トランスミッション＝6AT／駆動方式＝FF／乗車定員＝7名／価格＝345万円

トヨタ・ノア VS シトロエンC4ピカソ

どんなクルマ？

マック・ユーザーには冷淡

カローラ店用のノア、ネッツ店用のヴォクシー。兄弟シリーズでベストセラー・ミニバン道を邁進する中型ミニバン。旧型は累計約80万台を売った。２００７年6月末にフルチェンジした2代目も、７、８月の立ち上がり2カ月間でヴォクシーが1万２８７６台、ノアが1万１３４１台を記録、ミニバン販売レースのワンツー・フィニッシュを飾る。

　若向きのヴォクシーと、ファミリー志向のノアでノーズのデザインは異なるが、ハードの中身は共通。グレード名こそ違え、ラインナップも同じで、カタログの主要諸元表はお互い差し替えがきくほど。添付のＣＤカタログはウィンドウズ対応のみ。マック・ユーザーには冷たい。

　成功作だけに、モデルチェンジは熟成路線だが、バルブマチックと呼ばれる連続可変バルブリフト機構付

芸術家肌のミニバン

シトロエンの中型ミニバン。ホイールベースを12cm延長したＣ４の車台に、５ドアのモノスペース・ボディを架装する。本国では5人乗りが標準だが、日本仕様は12cm全長の長い3列シート7人乗り。向こうでは〝グランピカソ〟と呼ばれるモデルである。

　エンジンはＣ４の2ℓモデルと同じ4気筒だが、６段ＭＴをクラッチペダルレスにしたエレクトロニック・ギアボックス・システム（ＥＧＳ）が新たに加わる。足まわりもリアは新機軸で、セルフレベリング機構付きのエア・サスを採用する。ヨーロッパでは従来のクサラ・ピカソも併売されるため、あえてＣ４ファミリーであることを車名で強調するが、内容的には中身の濃い新型シトロエンである。

　価格は３４５万円。試乗車には御自慢のパノラミック・ガラスルーフ（15万円）が付く。

き2ℓ4気筒が新しい。試乗車はその新エンジンを載せるノアの最上級モデル、8人乗りのS・i（245万7000円）。カーナビ、電動スライドドアなどのオプション込みだと、約310万円になる。

2007年6月の発売以来、同年8月までの販売台数は198台。しかし、欧州では2007年8月までの約1年で、早くも11万台以上が売れている。

どっちが快適？

ハズレ席もある箱船

カタログで「愛を、はこぶね」と謳うノアは、中型ミニバンにあって3列8人乗りの収容能力が大きな売りである。高い屋根、乗降性にすぐれる両側スライドドア、ベンチシート的な2、3列目、全席でフラットな床など、たしかに大人数を乗せるピープル・ムーバーとしての資質はピカソより上だ。

ボディ全長は4cm違いだが、室内長の優位はそれよりはるかに大きく感じられる。実際、ノアはどの席に座っても、レッグルームが十分に確保されている。ボディ全幅はピカソより逆に11cmも小さいが、中にい

TGVかロマンスカーか

ピカソの特等席は、いちばん前のふたつか、もしくは2列目の中央である。

運転席に座ってタマげるのは、小田急ロマンスカーの最前列（指定券競争率高し）を思わせるパノラマビューだ。ピラーが細い。加えて、屋根の鉄板が禿げ上がったように後退し、そこへフロントウィンドウが食い込んでいる。ワイパー付け根からのガラス長は、なんと約140cmもある。ノアより40cm以上長い。おかげで、前も横も上も、全面ガラス張りのサプライズシートである。なによりまず、乗る人間のビジュアル

るとそれほどのハンディはない。〝トヨタ車のニオイ〟が強い室内は、いかにもエアボリュームのたっぷりした〝ひと箱〟の大きさを感じさせる。

　だが、乗車の〝品質〟まで考えると、大人8人乗りは無理である。2列目に座って気づいたのは、中央席のクッション座面がバスの補助イスのように硬いこと。両側の窓側席と較べると、明らかに貧乏くじシートである。

　使わないとき、左右の壁に跳ね上げておく3列目の〝スペースアップシート〟は、そんな軽ワザがきくわりに座り心地もまずまずだが、横幅は大人2人までだ。ということは、カタログデータこそ8人乗りでも、現実的には2＋2＋2で座るフル6シーターである。そういえば、ヘッドレストも6人分しかない。7人すべてにヘッドレストと3点式シートベルトが備わるピカソからみると、誠実さの点でいかがなものか。

　走行中の乗り心地は、2列目（中央部を除く）がいちばんいい。最前席のように、荒れた舗装路面などで床がフルフル震えることもないし、高回転でかなり大きいエンジン音も減衰される。後車軸の直上に置かれ

に訴え、驚かすとは、さすがピカソである。前席乗員の頭上までフロントガラスが延びているため、サンバイザーは前後に20cmスライドする仕掛けをもつ。

　このお値打ち物の前方視界をちょっと離れた位置から堪能できるのが2列目中央席。幅45cmのイスが隙間なく3つ横並びするセカンドシートの真ん中だ。だが、ここに比べると、2列目両側2席の居住性は落ちる。運転席と助手席の背もたれが墓石のように立ちはだかって、前がよく見えないからだ。2列目はすべてのイスが13cmスライドするが、いちばん後ろへやっても、レッグルームはノアほど広くない。

　床下に格納できる左右一対のサードシートは、頭上も膝まわりも大人には余裕なく、着座姿勢も体育座りを強いられる。子供用と割り切ったほうがいいだろう。そのため、定員7名とはいえ、現実には2列目までのフル5シーターと考えたい。

　ただし、ノアに大きな差をつけるのは、乗り心地のクオリティである。ユラーリと鷹揚に揺れる身のこなしは、ハイドロ・ニューマチックのシトロエンC6よりもむしろハイドロっぽい。いわゆる〝音・振〟（お

るサードシートのような突き上げも少ない。だから、ノアの特等席は、2列目の窓際ということになる。スペースアップシートを跳ね上げても、荷室床にはホイールハウスが張り出す。そもそも壁両側に畳まれたイスが邪魔して、嵩《かさ》モノを積むのは得意ではない。たしかにこれなら、荷物よりも人を、はこぶね。

どっちが走れる？

できのいいCVT

ノア／ヴォクシーのなかでも、最上級モデルだけに載る2ℓ4気筒が、新開発の〝バルブマチック〟である。いわゆるポンピングロス低減のために、吸気バルブのリフト量を連続可変制御する。158psのパワーは、他グレードに使われる従来型2ℓ4気筒の1割増しだが、車重は1620kg（オプション込み）あるので、とくに駿足というわけでもない。しかし、よりパ

としん）の遮断も見事で、走行マナーはすっかり高級ミニバンだ。内装の質感などを含めて、ライバルはノアではなく、アルファード・クラスだろう。

サードシートはカセット感覚のイージーさで床下に収まり、スクエアなフラットフロアの荷室が広がる。荷物隠しのトノーカバーも標準装備される。貨物車としても〝使いで〟があるのは、さすが欧州ミニバンだ。

ハイドロチックな乗り味

試乗後、スペックを調べて驚いたのは、ピカソのほうがわずかにボディ全長が短いことだった。屋根がグッと低いのは見ればわかるが、それ以外の外寸は、てっきりピカソのほうが大きいと思っていた。ハイドロっぽい乗り心地を含めて、ピカソは運転しているとサイズ以上に大きく感じるクルマなのだ。1630kgのボディをC4やプジョー307と同じ143psの2

トヨタ・ノア

ワー・トゥ・ウェイト・レシオの劣るピカソよりはすばっしこく、100㎞／hからフルスロットルで横一線ヨーイドンをやると、すぐに1車身先行する。でも、これは主に反応の速いCVTのせいとみえ、それ以上は差を広げることはできない。エンジンはスムーズだが、トップエンドではけっこううるさい。燃費はこの車重のミニバンとしては優秀で、ツーリング主体で約350㎞を走り、**11.0㎞／ℓ**を記録した。

足まわりは、いちばん売れているトヨタのファミリー・ミニバンって、こういうのかァ……という以上のものでも以下のものでもない。ホンダ・ストリームやオデッセイやマツダMPVのような〝走り〟もイケるタイプのピープル・ムーバーではない。タイヤの接地感が希薄なので、コーナーで頑張っても気持ちよくない。そもそも、そんな気にさせるオーラがまったく出てないし。これに乗っていて、〝クルマ好きゴコロ〟が目覚めるということは、まず考えにくい。じゃあ、乗り心地がすばらしく快適かというと、そういうわけでもない。ボディ剛性を含めたしっかり感は、トヨタ車でもウィッシュあたりのほうが上である。

VS

シトロエンC4ピカソ

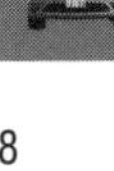

ℓ4気筒で動かすわけだから、瞬発力には欠ける。運転感覚も、ひとことで言えば〝バス然〟としている。スポーティさはない。しかし、そんな印象も、落ち着き払った足まわりと呼応して、高級感を醸し出す。

6段MTを2ペダル化したEGSは、期待以上である。街なかだと、ATほど変速が滑らかではない場面も覗かせるが、欧州車のマニュマチックとしてはよく出来ている。C2やC3のセンソドライブもなかなかの出来だから、シトロエンはこの手のメカトロ変速機を手なづけるのがうまいのかもしれない。約400㎞で**9.2㎞／ℓ**と、燃費もまずまずだった。

DSにオマージュを捧げた細いセレクターは、楽しい仕掛けだが、ノッチが軽く細かすぎて、ちょっと使いにくい。ダッシュ中央の遠いところにスイッチがある電磁駐車ブレーキも、使いづらい。つらいといえば、ボンネット先端を始めとして、四隅感覚が掴みづらいのは難儀である。サイズが特大というわけでもないのに、これまで自宅のガレージに入れた試乗車のなかで、こんなに気を使ったクルマはなかった。その点、取り回しのラクなノアの親切さはお見事である。

勝者

シトロエンC4ピカソ

ミニバンでも夢がある

若いころ、イタリアの有名な自転車フレーム工房で見習いをやっていた日本人がいる。日曜日、疲れてクスぶっていると、親方によく小言を言われたそうだ。「休みなんだから、髪くらいとかして、お洒落しろ」。イタリアの自転車が魅力的なのは、こういう国だからでしょう。と、いまや日本ですっかり有名なフレームビルダーになっているその人は言った。

ピカソは「休みだからこそ、お洒落しよう」というミニバンである。運動性能にスポーティさこそないが、ガラス張りコクピットによる驚愕の眺望や、ハイドロ・ニューマチックじゃないのに、C6よりハイドロっぽい優雅な乗り心地、ボタンひとつで荷室の地上高を大きく下げられるリアのエアサスなど、サプライズに溢れている。

運転席頭上まで伸びたフロントガラスのおかげで、このクルマに限って、上の信号が見えないということはない。渋滞の都内で、運転席からこれだけセスナやヘリコプターが見えたクルマも初めてである。ダッシュボードではなく、キャビン4カ所に散ったエアコンの液晶操作盤、ライト付きピクニックテーブル、C4譲りのセンター固定式ステアリング、ボールペンのようなギア・セレクターなど、細部も楽しい。

そんなピカソから乗り換えると、ノアは「休みだから、本当は家でゴロゴロしていたいんだけど……」というミニバンである。ゴロゴロしていたいのは、もちろんドライバーだ。それくらい、運転してはおもしろくもなんともない。道路の上を自動車で走る楽しさを封印したようなクルマだ、とぼくは感じた。

日本で売れるミニバンの真相は、どこでもドアならぬ「どこでも、家」である。どこでも我が家色に染めるためには、クルマそのものに強い個性などなくていい。ただ、広さと使い勝手のよささえあればいい。ノアの身上とはそういうことなのだろう。

だが、そうであるにしたって、外観を初めとして、もう少し〝夢〟の盛り込みようがなかったものか。日産はかつてミニバンの広告コピーで「モノより、思い出」と言った。でも、「モノこそ、思い出」ということを忘れたモノづくりって、虚しくないだろうか。ノアのキャッチコピーは「愛を、はこぶね」だが、これじゃあ、クルマへの愛は、はこばねェぞ。そして、それは結局、自動車メーカーに返ってくるのである。

「ミニバンの定番対超マイナー」というのが今回のお題だが、それは日本市場での話であって、対するピカソは、ヨーロッパではメジャーなミニバンである。向こうは、ノアのようにメジャーなミニバンが、ピカソなのである。

今回の試乗車は、オプション込みでピカソが360万円、ノアが約310万円。だが、内容を考えると、ピカソは高くない。ボディのデザイン料や、シートの材質や、床や上屋《うわや》の剛性感など、見ても乗っても、ピカソにははるかに「お金をかけた感じ」がある。1×3の2列目シートのイスなんか、お洒落な家具屋でこのまま売れそうだ。ユーロ高を考慮すると、ノアとの比較において、むしろ出血価格に思える。

というわけで迷うことなく、軍配はピカソにあげる。

これまでのSUVとこれからのSUV

トヨタ・ハリアー・ハイブリッド

トヨタ・ハリアー・ハイブリッド　プレミアムＳパッケージ：全長×全幅×全高＝4755×1845×1690mm／ホイールベース＝2715mm／車重＝1930kg／エンジン＝3.3ℓ V6DOHC＋モーター（211ps/5600rpm＋167ps/4500rpm、29.4kgm/4500rpm＋34.0kgm/0-1500rpm）／トランスミッション＝CVT／駆動方式＝4WD／乗車定員＝5名／価格＝462万円

VS

ハマーH3

ハマーH3タイプG：全長×全幅×全高＝4720×1980×1910mm／ホイールベース＝2842mm／車重＝2190kg／エンジン＝3.5ℓ直5DOHC（223ps/5600rpm、31.0kgm/2800rpm）／トランスミッション＝4段AT＋副変速機／駆動方式＝4WD／乗車定員＝5名／価格＝575万4000円

トヨタ・ハリアー・ハイブリッド

VS

ハマーH3

どんなクルマ？

電気ターボ付きハリアー

世界初のハイブリッドSUV。アメリカでは〝レクサスRXハイブリッド〟として販売される。2005年の発売直後から米国内のガソリン価格が未曾有の高騰を始めた。さらにはハリケーン・カタリーナの神風も吹き、広告費いらずのデビューを果たす。前年比10％の伸びを記録したトヨタの2005年米国セールスにも貢献する。

3・3ℓに拡大したV6を中心に、前後合わせてふたつのモーターを組み合わせる。新開発の減速ギアのおかげで、フロントモーターはプリウスより小型化されたが、出力は2・4倍。後輪を専門に駆動するリアモーターは、アルファード・ハイブリッド用の3倍近い出力を誇る。システム全体の最高出力は、200kW（272ps）に達する。

スモーレスト・ハマー

H1、H2に次ぐ最も小さなハマー。といっても、依然、全幅2m、全高1・9mのガタイだが、アメリカ人は真顔で「ベビー・ハマー」と呼ぶ。

ハマーを生んだAMジェネラルは99年にネーミングライツと販売権をGMに譲渡した。H3はGM製SUVの戦略モデルで、AMジェネラルが生産するH1、H2に対して、このクルマはGMのルイジアナ工場でつくられる。車両のベースも、同じ工場で生産されるライトトラックのシボレー・コロラドである。

変速機は4段ATと5段MTがあるが、エンジンは本国でも223psの3・5ℓ直列5気筒DOHCのみ。シボレーやGMCで使われている〝ボルテックス3500〟である。

試乗車は4段ATのタイプGで、575万4000

試乗車は最上級のプレミアムＳパッケージで、４６２万円。円。米国ではフル装備で3万５０００ドルだが、日本でもグッと身近になったのは間違いない。

どっちが速い？

追いつけるＳＵＶなし

Ｖ８のＳＵＶにも負けないオンロードでの動力性能が、ハリアーの大きな開発テーマである。Ｖ８じゃないベビー・ハマーを寄せつけないのはもちろんだ。とくに全開加速時はそうである。

アクセルを深く踏み込むと、エンジンと2つのモーターがフル回転し、タコメーターの代わりに備わるパワーメーターの針がトップエンドの２００kWに張りつく。そうなると圧巻で、シートに押しつけられるような加速が、右足をゆるめるまで持続する。音は依然、静かで、エンジンのビート感も希薄だ。そのかわり、大きな弾みぐるまが回転しているようなグルーンとい

モッサリしていて曖昧

可変バルブタイミング機構や電子制御スロットルを備えるバランスシャフト付き5気筒ＤＯＨＣ。しかもアメリカ製というと、どんなエンジンか、興味が募る。

エンジンマウントが柔らかめなのか、アイドリングからブリッピングすると、ボディ全体がユサリとわずかに横揺れする。そんなところはビッグトルクのＶ８的だが、走り出すと、存在感も迫力も〝ほどほど〟である。パワーは２２３psだが、車重のほうも2・2トンに迫るから、それほど馬鹿力はない。とくに高速道路での追い越しは、突進感のわりにスピードが上がらず、歯がゆい思いをする。ただ、エンジンの滑らかさ

うモーターの存在感が高まる。気持ちいいかと聞かれると、うなずきにくい。むしろ、空恐ろしいといったほうがいいかもしれない。とにかく独特ではある。

この日、たまたま同行したレンジローバー・スポーツと、ためしに横一線で100km／hからのフル加速をやってみると、ハリアーは最初にグッと1車身分とったリードを守り続けた。4・2ℓのV8スーパーチャージドが追いつくのは、ハリアーが180km／hのスピードリミッターに足払いをかけられてからだろう。日本の環境だと、200kWフルパワーは396psにも後塵を浴びせることができるのである。

は想像以上で、6000回転でも気になる振動はなく、巡航ならノイズも低い。

とはいうものの、総じてモッサリした、曖昧なエンジンである。だから、運転していると、パワーユニットだけを取り出して、とくにウンヌンする気は起きなくなる。そういう意味では、たとえば旧型チェロキーに載っていた4ℓ直6あたりに似ている。要するに、ちょっと古くさい、普通のアメ車のエンジンといった雰囲気である。でも、それがH3というクルマにはよく合っている。ちゃんと〝いい仕事〟をしている。いちばん大事なのはそこだろう。

どっちがファン？

速いがスポーティではない

H3からハリアーに乗り替えて走り出すと、まるで

舗装路よりも悪路

H3といえども、このクルマはいまも待ったなしの

牽引されているような錯覚に囚われる。とくに発進直後はモーターのみで進むことも多いので、まさに被牽引感覚だ。モーター走行はそれほど静かな環境をつくりだしてしまう。ハイブリッドに携わる足まわりの設計者は、ＮＶＨ（ノイズ／バイブレーション／ハーシュネス）遮断の要求水準が上がって、さぞかし悩ましいのではないか。

しかし、ハリアー・ハイブリッドに乗るたびに思うが、足まわりはとくにしなやかさの点で普通のＶ6モデルに及ばない。2トン近い車重のせいか、乗り心地はアンコ型にどっしりしている。硬いだけでなく、しなやかなバネ感に欠けるのだ。

腰から下がドテッとしているので、身のこなしもかるくはない。そのため、これだけパワーがあっても、ワインディングロードへ行って飛ばしたくなるクルマではない。そんな大型ＳＵＶが世の中にあるのかと聞かれたら、ポルシェ・カイエンやレンジローバー・スポーツも含めて、ないとぼくは答えるが。だから、ハリアーもひたすら直線番長ぶりを味わうクルマだろう。

戦場を走る米軍御用達ＨＭＭＷＶ《ハンビー》（高機動多目的車両）の親戚筋である。

ハマーとして譲れなかったのは悪路踏破性で、駆動系は副変速機付きのフルタイム４ＷＤ。リアデフのロック機構もある。２３１㎜の最低地上高は、ハリアーより約5㎝高い。たっぷりとられた後輪とリアフェンダーとの隙間を覗き込めば、ライトトラック用ラダーフレームから吊された武骨な板バネが丸見えだ。アプローチ／デパーチャー・アングルを稼ぐ前後オーバーハングの短さもハンビー譲りである。

そういうクルマだから、なんとなくいつもユサユサした乗り心地は仕方ないかもしれない。高速域だと、積極的な直進性に欠け、しかも中心付近に不感帯があるため、思いのほか気を使わされるステアリングも大目に見てやろう。

とはいっても、Ｈ3を大型ＳＵＶのニューカマーと捉えると、フォード・エクスプローラーやグランドチェロキーといった米国製ライバルと較べて、いささかアウト・オブ・デイトであることは否めない。

トヨタ・ハリアー・ハイブリッド VS ハマーH3

どっちが快適？

いま、おなか鳴ったでしょ

ふだんのハリアーは、実にお行儀のいいトヨタ・ハイブリッドの一員である。パワーユニットはあくまでスムーズで、パワーの〝出どころ〟がいまどこなのかを体感するのはむずかしい。

バッテリーに十分な残量があり、暖機も終わっていれば、スタートボタンを押してもエンジンはかからない。Ｄレンジに入れて、アクセルを踏むと、発進直後は前後のモーターだけで動き、すぐにスルンとエンジンがかかって、リアモーターが止まる。そんなことがわかるのは、例によってＣＲＴ画面に〝エネルギーモニター〟の動画イラストが表示されるからである。

雪道や凍結路では、リアモーターに適宜スイッチが入って、四駆運転に切り替わる。それもエネルギーモニターを見ていなければまずわからない。回生ブレー

横に広く、天地に狭い

以前、Ｈ２とキャデラック・エスカレードを比較試乗したら、Ｈ２の内装の随所にエスカレードのコンポーネントが使われているのに気づいた。Ｈ３のベースになったシボレー・コロラドやＧＭＣキャニオンには乗った経験がないが、おそらく関係は一緒だろう。ダッシュボードを始めとするＨ３の内装は、思いのほかフツーである。Ｈ１のように、キャビンに侵入したギアボックスが前席を分断するようなこともない。

それでも、ハマー一族ならではの、横に広く、天地に狭いキャビンは独特である。これだけ横幅があっても、天井は高くないから、前席、後席、どこに座っても、なんとなく閉所感がつきまとう。窓ガラスの天地も低いため、採光はけっしてよくない。とくにリアシートから前を見ると、トーチカ（要塞）からの視界さな

キも、プリウスより食いつき感が少なくて自然だ。信号待ちで止まると、アイドリングストップに入り、エアコンのファンの音だけが広い車内に洩れる。お腹が鳴るとバレる。

4755㎜の全長はH3より数センチ長いが、空間利用のウデははるかに上で、リアシートも荷室もH3より広い。

がらだ。知らないけど。でも、この〝異空間〟が、ハマーの魅力である。

地上60㎝の高みにあるキャビンから降りるとき、ズボンの裏がどうしてもステップに擦ってしまう。空力には気を使っていないとみえ、シャーベット状の雪道を走ると、ボディ側面が泥だらけになった。なんて細かいことを気にする人にもハマーはお薦めできない。

勝者

マヌケっていいなぁ

ハマーH3

「20世紀はオイルの世紀だったんだろうね」

83歳の父がポロッとそんなことを言った。これくらいのトシの人間が言うと、説得力がある。戦前、父が育った村の周囲に、ガソリンスタンドなんてものはひとつもなかった。アジアの国々をボコボコにし、自らもボコボコにされた日本が、戦後、急速に復興を遂げたのも、オイルのおかげである。ゴールドラッシュのように人がオイルに群がって、いまの先進国ニッポンができた。

ワンデイドライブのようなツーリングで、今回、ハリアーの燃費は**10・2km/ℓ**だった。かたや、H3は**6・3km/ℓ**である。ちなみに、ハリアーはプリウスと違って、無鉛ハイオクが指定。H3はレギュラーでいける。しかし、燃費そのものは歴然たる差だ。世界でいちばんオイルに群がってきたアメリカ人が、いまハイブリッドに群がっているのもよくわかる。

これまで何度か試乗したハリアーは予想通りだったが、H3の燃費は意外にいいと思った。この走行パターンで6km／ℓ台なら、ぼくの試乗経験ではカイエン・ターボやレンジローバーV8スーパーチャージド系やVWトゥアレグV8などより多少マシだ。もっともH3は3・5ℓの5気筒だが、でも、ハマーである。

いまさらロウソクの生活に戻ることはできないが、無駄な電気を消したり、明かりを少し落としたりすることはできる。「V6のパワーと4気筒の燃料経済性」を謳う5気筒エンジンを、全幅2m以下のコンパクトボディ(笑)に載せたH3も、ハマーなりの努力の成果というわけだ。

そのダウンサイズド・ハマーを今回は勝者としたい。理由は、ハリアーより楽しかったからである。

全幅2・16mで6ℓV8のH2と較べたら、そりゃもちろん薄味ではあるけれど、それでもハマーの味は健在だ。横に平べったい、独特の間取りのキャビンにいると、まるでディーゼル機関車を運転しているみたいでおもしろい。運転することが〝目的〟になるSUVだと思う。

一方、ハリアー・ハイブリッドは、クルマ全体の〝デッドな感じ〟が個人的にどうも好きになれない。非常に〝モーターが勝った〟加速感は、おそろしく速いが、冷たい。だから、楽しくない。死人に電気を通して走らせているみたいである。こういう速さがあたりまえになる日が来れば、みなさん違和感も覚えなくなるのだろうが、その世代で思ったことを言うのが、その世代の義務である。

もちろん、ハリアーはハマーよりはるかに工業製品としてよく出来ているし、IQも高そうだ。でも、そのことに感心するよりも、マヌケっていいなあとあらためて思わせたH3の感心量のほうが大きかった。

環境対策もそれっぽっち？　と、H3を見た世界一のハイブリッド・メーカーは鼻で笑うかもしれないが、ホントにそうか。どんな自動車メーカーだって、商売でやっているのは間違いない。エアコンを効かせた車内で、カノジョと「音・光・まったり」を楽しむ。まるで〝アイドリング奨励車〟のようなbBをつくっているのはだれだっけ。

愉しい週末を送りたいあなたへ

三菱デリカD:5

三菱デリカ D:5 G プレミアム：全長×全幅×全高＝ 4730 × 1795 × 1870mm ／ホイールベース＝ 2850mm ／車重＝ 1800kg ／エンジン＝ 2.4 ℓ 直 4DOHC（170ps/6000rpm、23.0kgm/4100rpm）／トランスミッション＝ CVT ／駆動方式＝ 4WD ／乗車定員＝ 8 名／価格＝ 341 万 2500 円

VS

ホンダ・クロスロード

ホンダ・クロスロード 18X：全長×全幅×全高＝ 4285 × 1755 × 1670mm ／ホイールベース＝ 2700mm ／車重＝ 1480kg ／エンジン＝ 1.8 ℓ 直 4DOHC（140ps/6300rpm、17.7kgm/4300rpm）／トランスミッション＝ 5AT ／駆動方式＝ 4WD ／乗車定員＝ 7 名／価格＝ 225 万 7500 円

三菱デリカD：5

VS

ホンダ・クロスロード

どんなクルマ？

ビッグフット風ＳＵＶ

全長４・７ｍ超、全幅１・８ｍ、車重１・８トン。すっかり大型ミニバンの仲間入りをした5代目デリカ。上位車種は18インチの大径ホイールを履き、高めのロードクリアランスともあいまって、ビッグフットＳＵＶの雰囲気を漂わせる。快適性の向上を謳いながら、ルックスはむしろスパルタンだった先々代スターワゴンに先祖返りしている。グランディスとの棲み分けをはっきりさせた結果ということか。

機構的にはアウトランダーに近く、１７０psの２・４ℓ4気筒ＤＯＨＣに、２ＷＤ‐４ＷＤの切り替えが可能な電子制御４ＷＤシステムが組み合わされる。変速機は6速スポーツモード付きＣＶＴ。上級モデルに付くマグネシウム合金製パドルシフトもアウトランダーからのおすそ分け。

団塊ジュニア向けクロスオーバー

「クロスロード」と言えば、クリームを連想する団塊世代の、ジュニアに向けたクロスオーバー・ミニバン。骨太でボクシーな5ドアボディは、一見、サイズ感が掴みにくいが、車台などのベースは、コンパクト・ミニバンのストリームである。

したがって、サイズ的にはデリカのライバルではない。全長は44㎝短く、全幅は４㎝狭く、全高は20㎝低いが、しかしこちらもサードシートを備え、７人を収容できる。

エンジンは2ℓと１・８ℓの2本立て。デリカとのバランスを考えると、対戦相手には2ℓモデルを選ぶべきだったが、広報車の都合で、18Ｘを俎上にのせた。１４０psの１・８ℓ4気筒ＳＯＨＣを搭載する４ＷＤモデルで、価格は２２５万７５００円。車両本体での試乗車は最上級モデルのGプレミアムで、価格は341万2500円。

価格差は約115万円。試乗車のオプション込み価格ではちょうど100万円の開きがある。

どっちが走れる？

ちょっとバスっぽい

「走るミニバン」的なキャラクターが、最近のミニバンのトレンドだ。ピープル・ムーバーでも、動力性能や操縦性をスポーティに振っている。オデッセイしかり、エスティマしかり、マツダMPVしかりである。けれども、デリカはことさらそういうタイプのミニバンではない。

1800kgの車重に対して、パワーは170psだから、活発なCVTをもってしても、とくに駿足ではない。1名乗車なら不満はないものの、高速道路の上り坂の追い越しなどでは、それほど余裕はない。

足まわりは適度な硬さである。乗り心地も車重相応

"アメリカンSUV"風

デリカから乗り換えると、クロスロードはより普通の乗用車である。いわゆるスタンバイ四駆の4WDモデルは、FFより60〜70kg重く、18Xは1480kgある。パワーは140psだから、馬力荷重は奇しくもデリカと同じだが、こちらはより身軽な感じがする。大排気量の余裕で、加速のピックアップはデリカのほうが力強く感じるが、ためしに100km／hから横一線でDレンジ・フル加速を比べると、意外やほとんど差はつかない。CVTのデリカは、急加速時にエンジン回転が高止まりになってウナるので、実際よりスピード感があるのだろう。

三菱デリカD：5

に落ち着いている。

ただし、スポーティな軽快感は希薄で、ワインディングロードに足を踏み入れると、挙動はモッサリしている。腰高感もつきまとうので、パドルシフトを駆使して、積極的に飛ばすような気にはならない。だが、そんなふうにちょっとバスっぽい鷹揚なところが、デリカの持ち味だと思う。

燃費は1・8トンの4WDミニバンとしてはまずまずで、今回、約300kmのツーリングで**8・8km／ℓ**を記録した。クロスロードのi‐VTEC同様、無鉛レギュラーでイケるのもありがたい。

ダイヤルで切り替え可能な駆動モードは、2WD、4WDオート、4WDロックの3つ。ふだんはもっぱら二駆で走ったのが燃費に効いているのかと思ったが、資料によると、2WDの燃費節減効果は4WDオートのマイナス1％に過ぎないという。逆に言えば、ドライ路面の定常走行だと、駆動力を最大86％まで前輪に分配する4WDオート・モードが、すでにそれだけ燃費コンシャスにできているということだろう。

VS

ホンダ・クロスロード

ワインディングロードで快走しても、デリカのような〝場違い感〟はない。操縦性は素直で、ロールもよく抑えられている。ただ、3列シート車としては画期的に高い敏捷性を誇るストリームのような驚きはない。ベースは同じでも、こちらはボディ全高が12cm高く、フロア高も8cmかさ上げされているのだから、しかたないか。インテグラ生産中止の欲求不満をぶつけたようなスポーティ・コンパクト・ミニバンがストリームなら、クロスロードはアメリカンSUVムード優先のコンパクト・ミニバンと捉えたい。

約300kmのツーリング燃費は**9・7km／ℓ**だった。デリカには勝ったが、間近でボディの嵩《かさ》の差などを見比べると、もうひとこえ伸びてもよさそうに思った。このクルマに乗っていると、ここぞというときに床まで右足を踏みつけることが多い。トルクに余裕のある2ℓモデルなら、実用燃費はむしろ1・8ℓよりいいかもしれない。主力モデルは2ℓのようだが、大人ひとり分重くなる4WDなら、たしかにそのほうがベターだろう。

どっちが快適？

意外やベンツ

ボディ全長ひとつとっても3ナンバーに認定されるガタイだけあって、3列8人乗りの室内は、ピープル・ムーバーとして十分な広さと快適性を確保している。サードシートは、クッション、背もたれ、いずれもたっぷりと大きい。座面高もまずまずだから、着座姿勢にも窮屈さは少ない。8人はカタログ値であるにしても、2+3+2で大人7人が不満なく座れる。

シートアレンジをあれこれ試していて気づいたのは、日本車にしては、可倒機構や前後スライドなどの操作力が重いことだ。よく言えば、酷使に耐えそうなメルセデスVクラスふう。悪く言うと、ちょっと気が利かない。

サードシートのしまいかたは、脚を畳んだシートを90度跳ね上げて側壁左右に固定するタイプ。床下格納と比べると、荷室フロアを低くできるメリットはある

乗り心地がいま一歩

デリカは、ドーンと奥行きの深いダッシュボードが、そこだけ限定でVWニュービートル似である。一方、クロスロードの運転席に乗り込むと、ちょっとしたハマー気分に浸れる。天地の狭いフロントウィンドウのせいだ。小さい窓から外を見るような、要塞的な居住まいがこのクルマの売りになるのだろう。

そうかと思うと、ダッシュボード中央部の斜面にあるエアコン／オーディオ／カーナビの操作パネルは、シンプルで非常に操作しやすい。給油口を開けるレバーの頭に付いたイラストはやけに大きい。ジュニアだけでなく、お父さんの団塊世代も取り込もうという魂胆だろうか。

3列シーターとはいえ、全長4・3m以下で、しかも2ボックス・デザインだから、大きな箱のデリカほど広くない。後席の乗降性も、あけっぴろげな左右ス

三菱デリカD：5

が、イスを上げるのも下ろすのも軽くはないので、扱いはけっこうホネだ。これに比べたら、パタンと床下に消えるクロスロードのサードシートは使い勝手がいい。そういうところは、さすが「ミニバンのホンダ」である。

デリカD：5は、ボディの剛性や耐久性を上げるために、リブボーンフレームという新しいストラクチャーを採用している。各ピラー部分を環状骨格とするケージ構造で、大型バスのスケルトン構造を想起させるものだ。サードシートに座ると、天井部分にその梁《はり》が出っ張っているのがわかる。内装デザインの演出としてもおもしろいのだが、しかし、運転していて、とくにボディ剛性が強固という印象はしなかった。乗り心地は基本的に重厚だが、荒れた舗装路で運転席フロアがワナワナっと震えるのは残念だ。

VS

ホンダ・クロスロード

ライドドアには勝てない。

2列目席のアメニティは申し分ないが、サードシートはスペースも快適性も、大人にはエマージェンシーに毛が生えたくらいと考えたほうがいい。広さは我慢できても、クッション座面が低く、体育座りポジションになるのがツライ。

それでも、斜めに座れば大丈夫かと考えて、デリカとともにサードシート・インプレッションを試みると、かんばしくない乗り心地が輪をかけて気になった。舗装路面でも細かな振幅のピョコピョコした上下動が出がちだ。これは運転席でも感じられるが、3列目はとくにひどい。落ち着きを欠くこの乗り心地は、クロスロードのいちばん大きな弱点である。最近のホンダ車は、セダンもミニバンもSUVも、ほぼ例外なく乗り心地にすぐれるだけに、惜しい。

勝者

5代続いた〝のれん〟の実力

三菱デリカD:5

ウチの近所で黒い日産ムラーノに乗っていた家が、つい最近、黒いデリカD:5に買い替えた。犬の散歩で前を通るだけなので、どんな御家庭なのか知らないが、なにかとてもよくわかる買い替えだなあと思った。

3列シートが必要になった。でも、黒いムラーノに乗っていたくらいだから、ミニバンだって、所帯じみてカッコわるいのはイヤだったのだろう。ムラーノが4WDモデルだったとすると、四駆はハズせない。そこへ新型デリカが出たというわけだ。

試乗を終えたいま、デリカのいちばんの魅力は、個人的にはやはりスタイリングだと思う。旧型では丸みをつけられて脱線したが、新型は先々代スターワゴンの機能的なボクシーデザインを取り戻した。いちばんの魅力がカッコかい、と思うかもしれないが、ミニバンでカッコイイというのは、かなりのアドバンテージである。

乗ってみると、デリカD:5はメルセデスVクラスを彷彿させた。ミニバンというよりも、ズバリ、ミニバス的な身のこなしもそうなら、シートアレンジ作業時の重い操作力なども似ている。男のクルマだ。ダイムラー・クライスラーとの蜜月時代に、Vクラスの評価基準データが三菱のコンピューターに紛れ込んでしまったのかと思った。

それは冗談にしても、デリカはオデッセイやエスティマのように洗練の行き届いたミニバンではない。セダン系乗用車から発想した、ソフィスティケイテッド・ミニバンではない。しかし、それもデリカの個性である。もともとこのクルマは、「ワンボックスのパジェロ」とも言うべきSUV色の強いワゴン車だった。ワイルドさはあっていい。

一方、クロスロードは、名作ストリームから生まれたニッチカーである。

団塊ジュニア世代の編集部タクローは、だんぜんクロスロードのほうがいいと言った。若者はニッチカーが好きだ。しかも独身で、学生時代からずっとラリーをやっている。ミニバスはおよそ関係がないのだろう。

だが、団塊よりちょっと下で、家族持ちのぼくは、今回、そんなに迷うことなくデリカに軍配を上げる。

クロスロードは、最近のホンダ車にしては乗り味が薄い。端的に言って、こりゃすぐ飽きるかも、と思った。このクルマも最大の魅力はスタイリングだと思うが、運転してガツンとくるものはなかった。ニッチカーって、そういうものかもしれないが。

その点、デリカはさすがに5代続いたのれんを感じる。国産ミニバンとしては硬派だ。ミニバスのような運転感覚も、週末のファミリーカーにはおもしろい。

「次はハイブリッド」か、「もう自転車」か

サンヨー・エナクル8

サンヨー・エナクル8：全長×全幅×サドル高＝1870×580×775-910mm／ホイールベース＝1145mm／車重＝21.7kg／動力形式＝直流ブラシレスモーター（250W）／トランスミッション＝内装8段／駆動方式＝AWD／充電時間＝2時間／乗車定員＝1名／価格＝12万5790円

VS

トヨタ・プリウス

トヨタ・プリウスG：全長×全幅×全高＝4445×1725×1490mm／ホイールベース＝2700mm／車重＝1280kg／エンジン＝1.5ℓ直4DOHC＋モーター（76ps/5000rpm、11.2kgm/4000rpm＋68ps/1200-1540rpm、40.8kgm/0-1200rpm）／トランスミッション＝CVT／駆動方式＝FF／乗車定員＝5名／価格＝262万5000円

サンヨー・エナクル8

VS

トヨタ・プリウス

どんな乗り物？

男の電動アシスト自転車

２００７年11月に発売されたサンヨーの最新型電動アシスト自転車。27インチ・モデルは、いわゆるママチャリ・ルックのファンシーなデザインが常識だが、この新型はフレームも泥よけもブラックで統一し、男モノのスポーツイメージを強調する。変速機には電動アシスト自転車初の内装８段（シマノ・ネクサス）を搭載。従来の3段型より、さらに加速と登坂力を向上させたという。

サンヨーのエナクル・シリーズは、前輪に直流ブラシレス・ハブ・モーターを採用し、制動時の回生充電を行う。ブレーキレバーを握らなくても、下り坂では自動的に発電ブレーキが働く。

ニッケル水素電池、充電器がセットで、価格は12万５７９０円。スポーティな変速機のため、エナク

円熟の2代目

最後の年を迎えた2代目プリウス。モデル末期という言い方もできるのに、販売は疲れを知らない。それどころか、昨２００７年も上り調子だった。前半（１〜６月）の月販平均４７９９台に対して、後半は４９２０台を記録。ついに原油1バレル１００ドル突破のニュースで開けた２００８年もラストスパートは続きそうである。

一方、海外での販売も快調で、２００７年は約22万台が輸出された。２００５年12月には、初の海外拠点となる中国での生産も始まった。まだ生産規模は小さいが、北京オリンピックを控えて、〝毒霧〟に悩む経済超大国での人気は高まること必至だろう。

日本での最近のトピックは、２００７年夏、新燃費基準のＪＣ08モードでの認可をいち早く取得したこと。

ルのなかでもこのモデルに限り、自転車専門店のみでの扱いになる。なんてところは、まるでニッサンGT-R。

いずれ10・15モード燃費にとって代わるこのモードでは29.6km/ℓの審査値を得る。試乗車は262万5000円のG。

どっちが走れる？

AWDで強力な加速

サンヨー・エナクルの特徴は、アシスト・モーターが前輪に付いていることである。つまり、FFだ。ペダルを回す人力パワーは、通常通りチェーンを介して後輪を駆動する。そのため、サンヨーはこれを「両輪駆動方式」と呼んでいる。なにかちょっとナットクいかない、キツネにつままれたような呼称だが、自動車界の言葉でいえば、AWD（オール・ホイール・ドライブ）である。

何年か前に借りたエナクルは、フルパワー時のアシスト力がいささか豪快に過ぎ、上り坂ではまるでハイ

〝畳ライド〟にあらず

イッキ討ちといっても、今回に限っては、2台ずっと一緒に走れたわけではない。いつものような高速100km/hからの横一線ヨーイドンもできなかった。24km/hでアシストが途絶してから、その先、何キロまで加速できるかは、人間エンジン次第だ。つまり、電動アシスト自転車の最高速は「人による」。それは普通の自転車と同じである。

人間がペダルを踏んだら、その力の半分をモーターで上乗せしましょう、というのが原則だから、当然、どんな電チャリもモーターだけでは走れない。となる

パワーFF車のように前からグイグイ引っ張られる感じがあった。だが、この最新型ではトルクの出方が滑らかになり、アシスト感も自然になった。モーターの音も意識しないと気づかないほど低い。

とはいえ、加速でも登坂でも、アシスト力は思わず顔がほころぶほど強力だ。

MTBや電動アシスト自転車を借りたときに、必ず上りにいく〝超激坂〟が近所にある。短いが、勾配は最大24％ある。武道館横の靖国通り九段坂が5～6％くらいだろう。スポーツ自転車でも、MTB＋健脚ライダーの組み合わせでなければ上れない坂だ。

そこを、エナクル8は平気で上る。それも立ちこぎ無用。サドルに腰をおろしたままでだ。ぼくはスポーツ自転車乗りなので、8段ギアも3速か4速に落とすだけでよかった。ためしに電源をきり、いちばん軽い1速に入れてトライしたら、立ちこぎでなんとか上れた。中坊か。でも、MTB並みに低いギアを手に入れたのが、なにより8段化のメリットだろう。電動アシスト自転車は、バッテリーが切れてアシストを失うと、

と、クルマの燃費のような走行コストを電気代から単純に割り出すこともできない。仕事量の半分は人間が引き受けているわけだから。そのため、電動アシスト自転車がぜんぜん疲れないと思ったら、大間違いである。ましてや、今回のようにアップダウンに富むコースを30㎞も走れば、立派なトレーニングになる。

その点、プリウスは楽チンである。後期型のファイナル・エボリューションともいえるこのクルマに乗って、とくに感じたのは、乗り心地のよさである。２００３年夏のデビュー当時は、サスペンションに突っ張ったような硬さがあったが、いまはすっかり滑らかになった。

凸凹を乗り越えると、トヨタ車は往々にして床下がブルンとしたり、ワナワナしたりする。メルセデス・ライドにならって、これをぼくは「トヨタの〝畳ライド〟」と呼んでいるのだが、レクサスLSのサスペンションにもあるこの〝制振〟の甘さが、プリウスにはない。しゃきっとしていて、しかもしなやかな乗り心地だ。初代モデルは後期型でパワーユニットが躍進し

掌を返したようにこぎが重くなるのだ。

どっちが実用的？

アップダウン路で約27㎞

電動アシスト自転車の実用性を語るとき、いちばん大きなポイントは、アシスト走行の航続距離である。エナクル8のカタログ値は、平坦路連続走行で約40㎞。だが、こうした数値は各メーカーの社内データで、言ったもんがちのところが大いにある。

ふだんロードレーサーで出かける往復33㎞のコースを走ってみた。途中4カ所に、4〜7％勾配のちょっとした峠のような上りがある。ブレーキレバーを握らなくても、下り坂で自動的に発電ブレーキがかかるノッタ・ママオートモードで走ると、電池がカラになったのは16・5㎞地点、4つめの坂を上りきった折り返し点だった。平均時速は15㎞だ。

たが、2代目は足まわりが洗練された。

高速で24㎞/ℓ、市街地でも18㎞/ℓ

プリウスで師走の都内を朝から晩まで走ってみた。ほぼフル渋滞の180㎞でも、燃費は18・0㎞/ℓだった。高速道路でオートクルーズを100㎞/hにセットして走れば、24㎞/ℓ台をマークする。燃料タンクは45ℓ入りだから、その状態で巡航できれば、かるく1000㎞を超す長い足を持つことになる。あたりまえだが、そういうところは電チャリ、マッサオだ。

だが、プリウスにも、乗り物として、エナクル8に通じるところがある。それは「バッテリーへの意識」である。

外気温2度の朝、スタートボタンを押すと、数秒、クルマが考えてから、エンジンがかかった。モニターアシストは最高24km/hまで。しかも15km/hからは次第に補助力を弱めるという業界の取り決めがあるため、平坦路でブッ飛ばせないのが電チャリの難点だが、折り返し点までの上り坂では、少なくともぼくが乗るロードレーサーよりずっと速かった。バッテリーも減るだろう。

だが、エナクルのおもしろさは、帰りの下り坂で電気を拾ってこれることである。たったいま上ってきた長さ900mの坂を下りきると、残量モニターの急速点滅が普通点滅に変わっていた。バッテリーがちょっと復活したのだ。それくらいの残量だと、満充電時ほどのパワーは得られないが、ないよりましだ。1・4km続く最後の長い坂を下りきったところでは、フルで3つ点くモニターランプが1個点滅でなく、点灯に変わっていた。思わずガッツポーズである。「発電自転車男」だ。結局この日、バッテリーが回復不能のオールアウトとみなされたのは26・9km地点だった。行く先にもう下り坂がなかったからだ。

ただし、強いエンジンブレーキがかかったような回

を見ると、フルで8コマのバッテリーは3コマに減っている。すぐに走り始めて10分弱、早くも7コマまで回復。6コマ以上だと、止まればアイドリング・ストップする。プリウスでエコランしたければ、バッテリー残量を高値安定にしておくことがポイントである。

燃料は減る一方だが、エナクル同様、制動・減速時に回生した電気を溜める駆動用バッテリーは、増えたり減ったりしている。その様子は、エネルギーモニターでリアルタイムに見ることができる。エナクルで長い坂を下って、充電残量ランプを再点灯させたとき、思わずガッツポーズが出たように、パパのプリウスに乗る新世代のクルマガキは、モニターを見ながら、コマの増減に応じて、バッテリーの色が3通りに変わることに一喜一憂しているのかもしれない。クルマが走っていても、エネルギーが減るだけじゃないという事実は、オジサンたちの幼少期にはない常識だった。

撮影場所にはレガシィ・ツーリングワゴンでエナクルを運んだが、リアシートを倒すと、プリウスの荷室にもあつらえたように収まった。ホイールベースの長

生充電ダウンヒルは、足を止めたまま、忍の一字である。このモードだと、下りで颪になることはできない。きのう初めて自転車に乗れた子どもにも抜かれそう。電気をおこすって、容易なことではないのだ。

い27インチの実用自転車が苦もなく積めるとは、ポイントが高い。ただし、床下に駆動用バッテリーを搭載するため、プリウスの荷室フロアはレガシィより10cm高い位置にある。

勝者

自分の力で電気をおこす

サンヨー・エナクル8

2台に共通して感じたこと。それは「電池モノの進歩の早さ」である。

エナクルは、半年ほど前の盛夏、従来型の3段ギア・モデルに乗った。今回、エナクル8で走った往復33kmのコースは、そのときも使ったが、新型はバッテリーがオールアウトになるまでの距離が6km伸びていた。冬のテストであることを考えると、十分、有意性のある向上といえる。

3段モデルと較べると、モーターもより静かで、滑らかになった。右側のブレーキレバーを握って、発電ブレーキが作動するときも、あるいは、下り坂で自動的に発電ブレーキが入るときも、唐突さがなくなって、よりスムーズになった。メカトロニクスの制御がさらに進んだのだろう。

回生充電機構を備えることで、電動アシスト自転車は次のステージに進んだと思う。充電なんか、家でやればいいじゃん、という考え方もあろうが、実際、下り坂でバッテリーが息を吹き返すと、うれしいものである。「おれがやったの⁉」って感じだ。

ぼくは自転車で長い距離を走るので、このシステムがさらにリファインされ、しかも軽量コンパクトになって、スポーツ自転車に搭載される日を夢みている。元気なときは〝生チャリ〟で、こぐ力の何割かが発電機を経てバッテリーに行く。帰り道に疲れたら、貯金をおろすみたいに、その電気をアシストに使ってくる、なんてのがあったらいい。そんな健脚用電動アシスト自転車なら、外部電源からの供給なしに、自前の発電だけで完結するのではないか。手回しラジオのように。

一方、プリウスもモデル終盤の熟成を大いに感じさせた。初期型に対して、乗り心地がよくなっただけでなく、肝心のハイブリッド性能も上がった。EVボタンによる純電気自動車走行の距離は伸びたし、燃費も出たてのころよりよくなった。

いま、日本車を1台、タイムカプセルに入れて土中に埋めるなら、やっぱりプリウスでしょう。ニッサンGT-Rじゃないよなあ。

この秋にもとウワサされる3代目の新型はプラグイン・ハイブリッドになり、ふだんのお使いくらいなら、家庭用コンセントから充電した電気だけでEV走行がきくらしい。より電気自動車っぽくなるわけだ。

だが、そうなると、やっぱり原発が推進されるのかなあと、原発反対派としては悩む。究極の先送りともいえる〝核のゴミ〟問題はどうするのだ。ワイドショーでゴミおじさんを糾弾してる場合じゃないぞ。

でも、じゃあ、原発やめて、どうするんだよと聞かれると、もっと悩む。だから、この勝負は自分の力で電気をおこす（こともできる）エナクル8に軍配をあげたい。いかにもムリムリな判定であることは承知の上だ。けれども、ぼくは行司なので、絶対にどちらかに軍配をあげないといかんのです。

6は旗艦たりえるか

シトロエンC6

シトロエン C6 エクスクルーシブ：全長×全幅×全高＝4910×1860×1465mm／ホイールベース＝2900mm／車重＝1820kg／エンジン＝3ℓ V6DOHC（215ps/6000rpm、30.5kgm/3750rpm）／トランスミッション＝6AT／駆動方式＝FF／乗車定員＝5名／価格＝682万円

VS

シトロエンC5

シトロエン C5 V6 エクスクルーシブ：全長×全幅×全高＝4740×1780×1480mm／ホイールベース＝2750mm／車重＝1580kg／エンジン＝3ℓ V6DOHC（210ps/6000rpm、3.00kgm/3750rpm）／トランスミッション＝6AT／駆動方式＝FF／乗車定員＝5名／価格＝458万6000円

シトロエンC6 VS シトロエンC5

どんなクルマ？

イバらないフラッグシップ

C6の最大の特徴はカッコである。

加速力とか、制動力とか、旋回能力とか、クルマの性能にはさまざまあるが、C6が傑出しているのはデザイン力である。全体に尻すぼまりに見えるのは、リアのトレッドがフロントより20cmも狭かったDSへのオマージュだろう。なんてことを考えない一般の人だって、このクルマには目を止める、というシーンを、試乗中、再三にわたって目撃した。好きか嫌いかは分かれそうだが、間違いなくいえるのは、相変わらず威張っていないことだ。他人へのアピールの仕方を「イバリ」と「自慢」の二つに分けるナベゾ画伯説にあてはめると、文句なしに後者。フラッグシップカーでも威張らないのは、シトロエンの伝統である。

日本向けは、いまのところ3ℓV6のエクスクルーシブ（682万円）のみだが、試乗車はサンプル輸入

C6と同じエンジン

2000年秋に登場した、当時いちばん大きなシトロエン。

しかし、ヨーロッパでの売れ行きは期待外れで、おまけに、同クラス車のなかでもユーザーの年齢層が高かった。若返りを図って、04年にフェイスリフトをして以来の現行モデルである。

C6にも受け継がれたサスペンションは、ハイドラクティブⅢ。オイルラインはブレーキやステアリング系から切り離され、サスペンションに特化する。それゆえ、昔のようなおもしろみはなくなったが、そのかわり、5年間、または20万kmまでサービスフリーの信頼性を得る。

2ℓの4気筒モデルもあるが、試乗したのはV6エクスクルーシブ。C6に比べて、全長で17cm短く、全幅で8cm小さいボディに、C6と基本的に同じ3ℓV6を搭載する。

されたモケットシート仕様だった。

信号グランプリは苦手

加速のことは、聞かんでくれ、というのが日本仕様のC6である。新車販売におけるディーゼル車比率が7割に達しているフランスでは、C6もディーゼル・ターボで乗るのがあたりまえだ。ディーゼル嫌いのアメリカでは、もう長いことシトロエンは商売していないから、販売台数を考えると、ガソリンモデルにはあまり身が入らないというのが本音ではないか。

プジョー４０７にも使われている3ℓV6は、C6への搭載にあたって、パワー、トルクともに見直されたが、それもスズメの涙である。２１５psに対して、車重は１８２０kgもあるのだから、駿足は望めない。とくに緩急の差が激しい街なかでは、モッサリしている。あくまで〝感じ〟だが、かつてのXMほど速くな

価格はC３、１台分くらい安い４５８万６０００円。

どっちが速い？

街なかでC6に差

C5は車重１５８０kgに対して、２１０ps。２ℓモデルでは不満な人のためのグレードという性格でもあるだけに、動力性能は十分でもある。とくに街なかでは、出足でも追い越し加速でもC6に明らかな差をつける。自動変速機はC6と同じアイシン製の6段AT。スタッガード式シフトゲートをDレンジの位置から左側にスライドさせると、シーケンシャルのMTモードになるのも同じである。

ここまで、C6の非力さをずいぶん強調してきたような気もするが、しかし、高速域になると、新型フルサイズ・シトロエンはだいぶ印象を挽回する。それは、いつものように１００km／hから横一線でDレンジ・フル加速を試したときにも裏づけられた。意外なこと

シトロエンC6

VS

シトロエンC5

い。昔、知人がもっていたCXのリムジン、プレスティージュ（車重1440kgに128ps）を思い出した。乗っていると、景色が変わって見えるほどいいクルマだったが。

しかし、実際、シトロエン好きに信号グランプリマニアはいまい。イバリ目的でこのクラスを選ぶなら、選択肢はほかにいくらもある。

C5に比べて、さすがと思わせたのは、静粛性である。ひとくちに、「静かなクルマ」だ。その点ではドイツの高級セダンにひけをとらない。

に、まったくといっていいほど差がつかなかったのである。

べつの機会に乗ったC6も、タウンスピード域でのモッサリ感からすると、100km／h以上での加速が目を見はるほどよかった。高速域でもエンジンはおそろしく静かなので、いつのまにかスピードが出ているタイプの速さだ。DSの広告コピー「地の果てまで」の伝統は生きている、ということにしておこう。

燃費は、約330kmを走ったC6が**5・9km／ℓ**。C5が約390kmで**7・7km／ℓ**を記録した。

どっちがファン？

ハイドロの乗り味、完全復活

シトロエンのフラッグシップとして、C6がルネッサンスを感じさせるのは、スタイリングのほかにもうひとつ、乗り心地である。XMを飛び越えて、CX時

飛ばせるハイドロ

C6と比べると、C5の足は明らかに硬い。でも、じゃあ金属バネのように硬いかというと、そうではない。硬めだけど、しかしこれだって普通のベッドとは

代の柔らかさが帰ってきた。

その印象は、走り出した瞬間にわかる。基本的に同じハイドラクティブⅢを採用するC5よりも、ユラーリ感が強い。これだと、ブレーキを踏んだら、さぞノーズダイブするだろう、カーブに飛び込んだら、グラッと大きく傾くだろう、と想像させる柔らかさだが、けっしてそうはならないところがハイドロ足の不思議なところである。

このサイズのクルマをワインディングロードで振り回す人は、実際にはいないだろうし、そんなフェロモンもC6からは出ていないが、仮にやっても、ノーズダイブやロールなど、ボディの姿勢変化は普通の金属バネ車よりずっと小さい。

ただ、C6で気になったのは、前：ダブル・ウィッシュボーン／後：マルチリンクによるサスペンションそのものの剛性だ。硬い柔らかいとはべつのところで、足まわりにいまひとつしっかり感が欠ける。サスペンションの制振の問題だとすると、その点ではC5に負けている。もっとも、C5も出たてのモデルはいまほど足まわりにクオリティ感がなかったが。

別物の、さてはウォーターベッドに違いない、というような乗り心地の独特さは、クルマ好きなら〝わかる〟はずだ。穴ぼこや段差といったチマチマしたデコボコよりも、路面のコブやうねりのような、もっと大きな不整でよくわかる。ダイナミック（動的）に「いい乗り心地」なのである。

より硬くしっかりした足まわりと、ひとまわり以上コンパクトなボディのおかげで、山道でのC5は立派なハンドリングカーである。C6よりさらに姿勢変化は少ないが、物理法則に逆らい、無理してアシが突っ張っているかのような不自然さはない。

ステアリングの操舵力はC6よりも重い。というか、C6は軽すぎて、やや落ち着きを欠く。ワインディングロードでペースを上げる気にならないのは、そのせいも大きい。

その点、C5はステアリングもスポーティである。サスペンションを硬くできるSPORTモードがC5にも付いているが、C6の可変システムほど硬軟の差は大きくない。計器盤にモニターされるわけでもないので、ありがたみは薄い。

リアシートは大柄な人向け

先述したように、今回のC6は、日本仕様にはないモケットシートが付いていた。レザーシートより当たりがソフトなので、よりC6にはマッチしているような気がするが、インポーターの方針だから仕方ない。

どちらにしても、室内は広く、そして上等である。とくにリアシートの広さはリムジンサイズだ。シートは座面も高く、クッション長も長い。そのため、身長160cmのぼくだと、床から浮き足立ってしまい、かえって座り心地が悪い。ファミリーユースなら、大型家族に向く。

斬新な外形デザインからすると、内装の意匠は〝静か〟である。とくにダッシュボードの造形はC5よりむしろプレーンだ。コンパクトな長方形のデジタルメーターとした計器盤には、「マシン・ミニマム、マン・マキシマム」的な思想さえ見てとれる。C4のダッシュ

ワゴンいらずのハッチバック

C6から乗り換えると、ひとまわり狭く感じるが、C5だって押しも押されもしないルーミーなセダンである。オキテ破りの逆反りリアウィンドウをもつC6は、流麗なファストバックスタイルをとるが、実は独立したトランクをもつ4ドアセダン。逆に、C5は先のフェイスリフトで4ドアセダン的なルックスをいっそう強めたが、ボディ形式はテールゲート付きの5ドアである。

C5にはステーションワゴンもあるが、ボルボほど販売比率は高くなく、セダンが6割を占める。テールゲートを備えたトランクの使い勝手のよさを考えると、あえて高いワゴンボディを選ぶ必要がないからだろう。

一方、C6も荷物をたくさん積む執念にかけては負けていない。トランクも広いが、2：1分割可倒の後席背もたれを倒すと、スペースはキャビンとつながる。

ボードが凝りに凝っていただけにちょっと意外である。

Ｃ４といえば、なぜＣ６にあのセンターフィックス・ステアリングを採用しなかったのだろう。ハンドルの輪っぱを回しても、センターパッド部分は動かないユニークな新機軸だ。ＣＸのセルフ・センタリング・ステアリングに捧げる多少のオマージュになったのでは、なんてのはおじさんの愚痴か。


しかも、Ｃ５と同様、クッションを前方に90度めくり、リアシートをフラットフロアにすることができる。リアウィンドウは残るので、あまり天地のたっぷりした嵩《かさ》モノは積めないが、前輪だけ外せば、ＭＴＢやロードレーサーが1台、寝かせてラクに積める。オエライさん、ときどき自転車。こんな後席をもつプレステッジカーも珍しい。

勝者

シトロエンC6

C6の勝ち。でも、個人的には……

Ｃ６がＣ６の名で初めてお披露目されたのは、２００５年3月のジュネーブ・ショーである。その直後、シトロエン・ジャポンに正確なボディサイズを教えてほしいという電話があったそうだ。これから新築する家のガレージをＣ６に合わせてつくりたいので、という問い合わせだった。

この話を広報部の人から聞いたとき、「わかるなあ」と思った。個人的にはだんだん小さいクルマが好きだが、大型車との今生《こんじょう》の別れに、Ｃ６なら所有してもいいかなと、ぼくですら思ったほどである。

「最近のクルマは、どれも同じに見えちゃって……」という不満が、自動車好きを自認している人のクチから多く聞かれ始めたのは、ぼくがみたところ、80年代中盤あたりからである。それは、ガイシャなら無条件に注目を集めた時代の終わりが始まった時期とも重なっていると思う。あんまりむずかしい話をするのはやめにするが、何を言いたいかというと、つまりこうである。

最近のクルマは、どれも同じに見えちゃって、という不満が聞かれるのは、最近のクルマが本当にどれも同じに見えちゃうからである、という事実を確信させてくれるのがC6のデザインである。ここまでやれば、ここまでできれば、けっして同じには見えない。それくらい、C6のデザイン力は強力だ。

その一点だけを捉えても、今度の勝負はC6の勝ちとしたい。敗者にはハンデもあった。走行3000km台のC6に対して、C5は3万3000kmを超していたのである。

この試乗車も含めて、C6にはこれまで2台にじっくり乗ったが、では、その結果、個人的にほしくなったかというと、それはノーである。

理由は、まずデッカすぎる。サイズの大きさに加えて、このボディは〝見きり〟が悪い。つまり、四隅の感覚が掴みにくく、狭いところではサイズ以上に気を使うのだ。ボディサイズから想像するほど取り回しに苦労しないメルセデスSクラスやレクサスLS460とは逆である。

しかも、FRのライバルほど小回りがきかない。ウチのガレージは、万一、Sクラスを購入することに備えて（笑）、全長5m、幅2mのクルマまでは入るようにつくってあるが、Sクラスよりちょっと小さいのに、C6のほうが車庫入れははるかにタイヘンだ。シトロエンなら、ウチはC5が限度である。

シトロエンがハイドロ足における〝柔らかさの価値〟に再び目覚めてくれたのはうれしいが、各論でも触れたとおり、乗り心地のクオリティにつながる煮詰めはまだ足りないと思う。そのへんは今後の熟成に期待したい。

C5のステーションワゴンで、色はきれいな薄緑。3ℓだって、そんなに速いわけじゃないから、エンジンは2ℓでいい。それがマイベスト・シトロエンという決定事項は、この対決を終えたあとも変わらなかった。

安さで売らない「大人の軽」対決

ダイハツ・ソニカ

ダイハツ・ソニカRSリミテッド：全長×全幅×全高＝3395×1475×1470mm／ホイールベース＝2440mm／車重＝820kg／エンジン＝0.66ℓ直3DOHCターボ付（64ps/6000rpm、10.5kgm/3000rpm）／トランスミッション＝CVT／駆動方式＝FF／乗車定員＝4名／価格＝141万7500円

VS

三菱i

三菱iM：全長×全幅×全高＝3395×1475×1600mm／ホイールベース＝2550mm／車重＝900kg／エンジン＝0.66ℓ直3DOHCターボ付（64ps/6000rpm、9.6kgm/3000rpm）／トランスミッション＝CVT／駆動方式＝RR／乗車定員＝4名／価格＝138万6000円

ダイハツ・ソニカ VS 三菱 i

どんなクルマ？

アルファみたいな軽

長いホイールベースに低い全高、斬新なグラフィックを描く側面ガラス、アルファかと見まがうリアスタイル。ダイハツらしからぬ（？）先鋭的なデザインに身を包んだ新世代5ドアハッチバック。

エンジンは、新開発の658cc3気筒12バルブDOHCターボ。変速機もダイハツ自製の新しいトルコン付きCVTで、遊星ギアを使って4軸から3軸に減らしたメカにより、クラス随一の小型化と高効率を追求している。23・0km／ℓの10・15モード燃費は、満額64psの軽ターボ車中トップクラスを誇る。

試乗したのは、FFのRSリミテッド。2WDではいちばん高く、141万7500円する。RSリミテッドだけには、CVTをマニュアル・モードでシーケンシャルシフトできる7速アクティブシフトが備わる。

脱フロント・エンジン

スマートとの協業から生まれたリア・エンジン・レイアウトのフル4シーター軽。次期スマート用のベースになる659cc3気筒12バルブDOHCターボ＋4段ATのパワーユニットを45度前傾して後車軸直前にマウントする。エンジン搭載位置に縛られなくなった前輪は、ノーズからはみ出すほど前方に追いやられ、軽最長のホイールベースを誇る。

発売はソニカより5カ月早い2006年1月。月5000台の目標台数はかなり荷が重そうだが、それでもこのブッ飛んだスタイリングとスーパー軽的お値段を考えれば、スタートダッシュは好調だ。

ソニカと同じく、グレードは3タイプ。ソニカRSリミテッドの価格に合わせて、試乗車には中間グレードのM（138万6000円）を選んだ。

どっちが速い？

ターボでも燃費よし

軽の存在意義が、まずなにより経済性だとするなら、ソニカで真っ先にほめるべきは燃費である。ワンデイ・ツーリングパターンの約250km区間で、**17・0km／ℓ**を記録した。今回の試乗車には、以前、別の取材でも乗ったが、そのときもほぼ同じ走行パターンで16km／ℓ台後半をマークしている。軽のターボで、しかもちっとも軽くないワンボックス・タイプだったりすると、市街地燃費が10km／ℓをきるクルマも珍しくない。それを考えると、ソニカは優秀である。

さらに、このパワーユニットは燃費以外でも優秀だ。ピーキーさを抑えた3気筒ターボは、パワーもマナーも文句なしである。街なかから高速道路に至るまで、黄色ナンバーを忘れさせるほど速く、そして静かだ。スピード・リミッターの効きが唐突過ぎないことも〝特技〟といえる。

アイは地球を救わない

三菱iの燃費は軽ターボ車の旧弊を抜け出していない。ソニカとほぼ同じ走行距離／パターンを辿って、**11・6km／ℓ**にとどまった。以前、ダイハツ・コペンと較べたときも、10・4km／ℓだった。ソニカ同様、ガソリンは無鉛レギュラーでいいが、軽のツーリング燃費としてはお寒いと言わざるを得ない。

車重はソニカより80kg重い900kg。パワーは同じだが、トルクはソニカの10・5kgmに対して9・6kgmと差をつけられる。当然、あちらほどの瞬発力や活気はない。CVTのシームレスな加速に慣れてしまうと、4段ATのシフトアップ時の息継ぎも妙にまだるっこしく感じられる。

とはいうものの、iだけに乗っていると、このリア・エンジン・ユニットにもとくに不満はない。エンジンをかけた瞬間の、〝プリン〟という、ちょっと情けない

ダイハツ・ソニカ

パワーユニットの好印象は、新開発のCVTも大いに貢献している。エンジンを無駄に吹かすようなCVTの悪癖はゼロ。アクセルを踏んでいると、触れ込み通りの「高効率」を実感できる。100km/h時のエンジン回転数を3000回転（4段ATの三菱iは3700回転）に抑えてくれる躾が好燃費に寄与しているのは言うまでもない。

VS

三菱i

金属音は、クルマ全体のもつ押し出しにそぐわない感じがするが、惜しいのはそれくらいである。

音を後ろに置いてくるリア・エンジンの利もさることながら、エンジンそのものもスムーズで静かだ。いつものように100km/hから横一線で追い越し加速を較べてみても、予想以上に善戦し、それほどの遅れはとらなかった。

どっちがファン？

軽随一のハンドリングカー

ソニカ・シリーズの3グレードは、下からR、RS、そしてこのRSリミテッドである。すべてにぬかりなく〝R〟がつくところにクルマの性格がみてとれる。「基本・スポーティ」なのだ。5ドア・ハッチバックながら、クーペ的なイメージを与えるスタイリングからも

RRレイアウトの功罪

iの美点は乗り心地だ。ロングホイールベースの土台に加え、サスペンションはストローク感に富み、速度域を問わず、ゆったりとした、フラットな乗り心地が味わえる。操縦性のソニカなら、乗り心地のiである。

ペタッと低く構えたソニカほどのスポーティさはな

わかる。

165／55R15を標準で履くRSリミテッドの足まわりは硬めだ。スポーツカーのコペンのようにガチガチではないものの、コンフォートよりスポーティに振ったサスペンションには違いない。ただし、乗り心地の品質感はiに及ばず、もう少ししなやかなチューンができなかったものかなと思う。高速道路の継ぎ目のような鋭い突起では、直接的な突き上げが出がちだ。

だが、そんな不満も、ワインディングロードへ行けば吹き飛ぶ。このクルマは軽随一のハンドリングカーである。基本的には安全なアンダーステアだが、リアの接地感も十分にあって、軽とは思えないダイナミックな走りが楽しめる。フロントだけで曲がるようなチマチマしたFFっぽさがない。重心感覚も低い。ステアリングやシフトなど、運転操作の動線が非常にコンパクトなのもうれしい。脚が硬すぎて、気持ちよく飛ばせないコペンより、はるかにスポーツカー的だ。


いものの、ワインディングロードでも、見かけに似合わぬ速さを見せる。サスペンションの素性のよさは、路面の荒れたコーナーでよくわかる。そんな場面でもグリップのフトコロは深く、外乱を受けて横っ飛びするような破綻は見せない。リア・エンジンとはいえ、エンジン本体の軽量化や燃料タンクの前席床下配置などで、前後重量配分を45：55のイーブン近くに収めてある。絶対的なパワーも知れているから、RRだからといってとくに身構える必要はない。

ボディ剛性は、ソニカをしのぐ。電動パワーステアリングの剛性感や操舵フィールも勝っている。ただ、高速道路での直進安定性は、フロント・エンジンのソニカほど盤石ではない。この日はほとんど無風だったが、それでも直進を保つには、ある一定の意識をステアリングホイールに注いでおく必要がある。矢のように直進するスタビリティに欠けるのは、リア・エンジンだから仕方ない。

ダイハツ・ソニカ

VS

三菱 i

どっちが快適？

低くても、意外やルーミー

ソニカの全高はiより13cmも低い。向こうがセダンなら、こっちはスポーツカーと言っていいくらいの差である。

だが、室内の広さ感や居住性にそれほど大きな差は感じない。なぜだろうかと観察してみると、わかった。CVTのセレクターが、ダッシュボードに付いている。ホンダ流に言うと、「インパネ・シフト」だ。そのため、前席フロア中央部がガランと空いている。運転席と助手席のシートはセパレートだが、隙間なくぴっちり隣り合わせにして、一見、ベンチシート的に見せている。強く寝たフロントピラーからは垂直のピラーが下り、死角を減らす三角形の小窓が開く。つまり、ミニバン的なのだ。これだけルーフの低いボディでも、ベースにミニバンの素養を身につけているから、狭っ苦しさ

お金のかかった内装

iに乗るのは何度目かだが、運転席に乗り込むたびに、ミッキーさんが出迎えてくれる。目の前にある計器盤のデザインが、カワイイお耳のミッキーマウスなのである。本当はディズニーとやりたかったのだろうが、iはたしかサンリオのキティちゃんと販促でコラボレーションをしていたと思う。あんまりそういうこと、しなさんな。

しかし、iの室内も基本的に好感がもてる。ファブリックのシート地から内装の細かな樹脂パーツ類に至るまで、ソニカよりもお金がかかっているのがわかる。

後席インプレッションも較べてみた。長いホイールベース、高い天井、ストローク感のあるサスペンションなどの相乗効果で、iのほうが居心地は格上と思われたが、期待したほどのアドバンテージはなかった。

を感じさせないのである。

ダッシュボードのデザインはややオーバーデコラティブな気もするが、その点も含めて、一般受けすると思う。よく見ると、あまり高い素材は使っていないようだが、やはりその点も含めて、ウマイ！と思う。さすが軽自動車界のトヨタである。

全グレードに〝R〟の文字がつくスポーティ・ハッチバックでも、室内に汗くさいアンチャンっぽさはない。i同様、大人が乗れる軽である。

いちばん大きな理由は、リアシートでの乗り心地が、iは前席ほどよくないからだ。逆に、ソニカは後席と前席でそれほど乗り心地が変わらない。さらにiは後席フロアに微妙なデコボコがあって、足の置き場が少し窮屈だ。

リアシート後ろの荷室はiのほうが広い。エンジンがあるためフロアは高いが、奥行きは55㎝ある。ソニカは40㎝しかなくて、4人乗ってしまうと、荷物はろくに積めないと考えたほうがいい。

勝者

この価格でも、モトとれなさそう

三菱i

2006年国産新車界のいちばん大きな話題は、「軽自動車の豊作」だったと思う。セールスも記録的だったが、実際、売れるトリガーになるような魅力のある軽が目立った。その代表作が今回の2台である。

両者に共通するのは「大人の軽」と呼びたくなるようなキャラクターだ。男が考えたオネエチャン・テイストの仕掛けもない。赤ん坊のおしゃぶりみたいなファンシー趣味もない。軽の常識とは無縁の外国メーカーがつくった軽、みたいなカッコよさと新しさがある。

いずれも価格は1・3ℓ級だが、そのクラスのお客を獲るつもりだから、高価格はさしてハンデにならない、とメーカーは考えている。「軽にしとこ」ではなく、積極的に選ばれる軽。「脱・軽」であり、「スーパー軽」である。

FFのソニカは、新しいパワーユニットとハンドリングがすばらしい。運転していると、軽であることをしばしば忘れる。しかも、燃費はiを寄せつけない。軽ターボ車の燃料経済性に新たな基準をつくった。カッコもiよりおそらくずっと万人向けである。

ということを認めた上で、今回の対決は三菱iの勝ちとしたい。

プラットフォーム（車台）から新設計されたRRのiに乗っていつも感じるのは「機械の豊かさ」である。ボディ内外のつくり込みから、サスペンションの作動感に至るまで、クルマとしてすごく豊かな感じを与える。価格は高いが、これだけ高くしてもまだ〝持ち出し〟じゃないんだろうかと思わせるような、金のかかった手応えがある。これまでの軽にはなかったオーバークオリティ感があるのだ。

ソニカはカッコイイが、ボディサイドを斜めからよく見ると、ドアの継ぎ目のあたりで鉄板が微妙に反っていて、景色の映り込みが乱れている。フィアットみたいだ。iにはそういうことがない。

三菱は否定しているが、このクルマは一時期、ほぼこのまま次期スマートになろうとしていたのではないか、と、ぼくは推測している。少なくとも、コンペには参加していたのではないか。クルマのもっているクオリティを知ると、そう思わせるものがある。

発売から約10カ月経ち、今回の試乗車はすでに1万4000㎞近くをあとにしていたが、ヤレがまったく見られないことにも感心させられた。一方、走行4000㎞強のソニカは、ひと月前に試乗した個体と同じだった。借り出して、スタートした途端、あれっ、ちょっとボディがユルんだかなと感じた。

そういったことも含めて、軽の東西横綱の2台、ソニカがBMW的なら、iはメルセデス的だと思う。

イタフラ対決3ドア・コンパクト篇

ルノー・ルーテシア

ルノー・ルーテシア：全長×全幅×全高＝ 3990 × 1720 × 1485mm ／ホイールベース＝ 2575mm ／車重＝ 1150kg ／エンジン＝ 1.6 ℓ 直 4DOHC（112ps/6000rpm、15.4kgm/4250rpm）／トランスミッション＝ 5MT ／駆動方式＝ FF ／乗車定員＝ 5 名／価格＝ 189 万 8000 円

VS

フィアット・グランデプント

フィアット・グランデプント：全長×全幅×全高＝ 4050 × 1685 × 1495mm ／ホイールベース＝ 2510mm ／車重＝ 1160kg ／エンジン＝ 1.4 ℓ 直 4DOHC（95ps/6000rpm、12.7kgm/4500rpm）／トランスミッション＝ 6MT ／駆動方式＝ FF ／乗車定員＝ 4 名／価格＝ 224 万円

どんなクルマ？

3ナンバーのコンパクト

ルーテシア（欧州名クリオ）の3代目。日産と共同開発のBプラットフォーム上に構築されるボディは、旧型より大型化。とくに全幅は一気に8cmも広がり、1720mmで3ナンバーをぶら下げる。その甲斐もあって、衝突安全試験ユーロNCAPの5つ星を獲得。2006年の欧州カー・オブ・ザ・イヤーにも輝くなど、ヨーロッパでは幸先のいいデビューを飾る。

日本仕様のエンジンは、メガーヌにも使われている112psの1・6ℓ4気筒DOHC。変速機は4段ATだが、注文生産で5段マニュアルにも対応している。ちなみに、2006年3月の発売以来、MTの販売比率は6～7％だという。

ボディは3ドアと5ドアがあるが、試乗車には3ドアのMTを選んだ。189万8000円のこれが、シリーズ最廉価モデルになる。

デザインはジウジアーロ

プントも「デッカクなっちゃったあ！」。〝デッカいプント〟を名乗るのだから、大きいのは当然だが、全長は4mを5cmオーバーする。ただし、こう見えて、全幅は1685mmの5ナンバー枠に収まる。にもかかわらず、これだけ量感を感じさせるスタイリングは、ジウジアーロのイタルデザインとフィアットのスタイルセンターによる共作。ジウジアーロの息がかかっているとあらば、まるでマセラティ・コンパクトハッチのように見えるのも当然か。

ほどなく5ドアの2ペダル・セミATモデルが加わる予定だが、第一弾は95psの1・4ℓ4気筒DOHC＋6段MTの3ドアのみ。17インチホールを履くスポーツモデルの位置づけで、標準仕様が209万円。レザーシートを標準装備する試乗車の〝1・4 16Vスポーツ・レザー〟は224万円というイイお値段になる。

どっちが速い？

ルノーの実用エンジン

日本仕様メガーヌのベースモデルに搭載されている１・６ℓ４気筒が、大きくなった新型ルーテシアのパワーユニットである。旧型は２ℓのルノー・スポールを除くと、１・２ℓ／１・４ℓの布陣だったから、ボディサイズ拡大に合わせて、エンジンにも余裕が与えられたことになる。

１１２psのパワーは、メガーヌ１・６用よりなぜか１ps少ないが、車重はルーテシアのほうが70kgほど軽い。メガーヌはMTモデルでも、かなり一生懸命、運転しないといけないが、こちらはその分、余裕が出て、動力性能はなかなか活発だ。とくに今回は、グランデプントがイタ車にあるまじき鈍足だったので、アドバンテージが大きかった。

とはいうものの、横一線で１００km／hからヨーイドンをしてみると、想像したほどグランデプントを引き離せるわけでもなかった。

おそ！

１１５０kgに１１２psのルーテシアに対して、グランデプントは１１６０kgを95psで走らせる。非力が想像されたが、果たしてそのとおりだった。走り始めたときの第一印象は「おそ！」であった。マセラーティ似は見かけ倒れだ。

これまでの日本仕様プントにはなかった１・４ℓエンジンは、ランチア・イプシロン用と同じものである。イプシロンではそれほどでもないが、グランデプントにおいては、とにかく、パンチがない。１００km／hからの追い越しなどは、６速トップから３速まで落とさないと、安全な加速量が得られない。

一般道でも、流れに乗ろうと思ったら、シフトをサボらず、しかもかなり引っ張る必要がある。そこでモンダイなのは、回転ガバナーの効き方だ。６５００回転に達すると、リミッターがつんのめるような頭打ちを食らわす。フルに回しても、ローは50km／hに届か

ルノー・ルーテシア

1・6ℓ4気筒そのものも、静かだが、回り方はわりと眠い。でも、もともとルノーの実用4気筒というのは、こんな感じだ。しぶとくて、地味。働き者の農民のようなエンジンである。

今回、燃費は取り損ねたが、トリップコンピューターの通算燃費は**9・7ℓ／100km**を示していた。

VS

フィアット・グランデプント

ない低ギア比なので、活発に走るには、トップエンドを使わざるを得ない。そうやって、人がせっかく必死で加速してきたのに、そこでぶしつけなリミッターに当たるため、非常にいまいましい。「二歩前進、一歩後退」みたいな。ただし燃費はよく、高速主体の150km区間で**15・7km／ℓ**をマークした。

どっちがファン？

大人になった足まわり

3代目になって、ルーテシアがいちばん進化したのはシャシーである。プラットフォームの刷新によって、ホイールベースは旧型より10cm近く延びた。おかげで、すばしっこさは影をひそめたが、そのかわり、いかにもフットプリントの大きいゆったりした挙動を見せるようになった。足まわりがひとつ大人になった印象なのである。

飛ばせば楽しい

日本仕様のグランデプントは、最初に出たこの3ドア・MTモデルがスポーツグレードの位置づけになる。これから加わる5ドアが量販狙いで、AT限定免許で乗れるセミ・オートマになる。

エンジンに元気がなくても、モデル名どおりのスポーツ・バージョンなので、自動的に17インチホイール＋205／45のBSポテンザRE050Aが組み合

街なかを普通に流していても、乗り心地が〝豊か〟だ。猫足というほど柔らかくはないが、常にたっぷりしたサスペンション・ストロークを感じさせる。高速クルーズでのスタビリティと、それがもたらす安心感も、日本車のコンパクト・ハッチより明らかに一枚上手である。

ワインディングロードで大入力を与えても、非常にフトコロが深い。コーナーの頂点にデコボコがあるような逆境でも、すこぶる安定している。ベースモデルに乗って、これだけ〝基礎〟のしっかりした印象を与えるのだから、ルノー・スポールが楽しみだ。

ルーテシアにも電動パワーステアリング（ＥＰＳ）が装備される。メガーヌのＥＰＳは、コーナリング中に舗装の目地のようなデコボコを拾うと、操舵力が微妙に抜けたり、重くなったりする癖があるが、このクルマは改良されて、より自然な操舵感をもつ。

わされる。たしかにカッコはいいのだが、ベストチョイスとは言いかねる。

サスペンションはかなり硬い。必ずしもバネの硬さではなく、ダンパーの初期作動の渋さをイメージさせる突っ張ったような硬さだ。それをいちばん感じるのは、高速道路の乗り心地で、平滑な路面でも細かな上下動に見舞われがちだ。膝の上でとるインプレッションのメモ書きが、ブルブルしてこれほどやりにくかったクルマも珍しい。

一方、唐突な回転ガバナーに当たらないように、絶妙のシフトを心がけ、エンジンに鞭を入れて山道を飛ばせば、そこそこ楽しい。タイヤに頼って曲がる感じは強いし、荒れた路面だとバネ下がドタドタしがちだが、それもスポーツグレードの演出と心得て楽しむべし。激しい運転をしたほうが、かえってアラが気にならないのは、いかにもイタ車である。

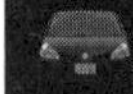

ルノー・ルーテシア VS フィアット・グランデプント

どっちが快適？

フレンチ味うすめ

貨客両用ワゴンのカングーには180万円をきるモデルもあるが、普通のハッチバックとしては、この3ドアのMTのルーテシアが最廉価ルノーにあたる。一番安いフレンチ・ハッチでもある。

ルーテシアのインテリアは、最近のルノーのテイストに正しく準拠したものだ。ダークグレーの内装はクリーンで機能的だが、とくに華はない。エアコン吹き出し口の風量調整に、ゴムのボールを使っているのが数少ない〝くすぐり〟だろうか。

シートも、座り心地はわるくないが、特記事項はない。乗っていて、もう少しフレンチ味がしてもいいのになあという気はする。

3ドアは同じMTの5ドアより10万円安い。ドア1枚5万円の計算だ。後ろには滅多に人を乗せないというユーザーには賢い選択だろう。

中は高級車

グランデプントのサプライズは、室内である。初めて乗り込んだときには、思わず声をあげた。

ひとくちに、高級である。押し出しの強いダッシュボードは、画然と上下2段に分かれている。下半分のパネルはいままで見たことがないソフトパッド素材で、ヘアライン・フィニッシュの表面処理も質感が高い。太いフロントピラーが立つ前席の居住まいは、ハッチバックというよりも高級ミニバンを思わせる。ルーテシアから乗り換えると、明らかに〝車格〟はひとクラス上である。

〝スポーツ・レザー〟というグレード名が示すとおり、本革シートが標準で付く。このフロントシートも贅沢だ。背もたれの張りが妙に強くて、ルーテシアの布シートほど快適ではなかったが、少なくとも見た目の出来はアルファ・ブレラあたりに標準装備されていてもお

リアシートのレッグルームは、全長が6㎝長いグランデプントよりむしろわずかに広い。グランデプントはドアの開閉レバーが遠い位置にあるので、リアシートに座ってしまうと、ひとりでドアを開けるのがホネだが、その点、ルーテシアは問題ない。背もたれもクッションも一体式のグランデプントに対して、こちらは2対1で分割可倒がきくなど、荷室の使い勝手も親切だ。

かしくない。

エンジンの項で書き忘れたが、この4気筒、パワーに難はあっても、静粛性は優秀だ。エンジンそのものもさることながら、プレミアム化されたプントとして、遮音対策を入念にやった成果だろう。同じエンジンを積むイプシロンよりだいぶ静かである。100㎞/h巡航時に、6速から4速まで落としても、ノイズレベルはほとんど変わらない。

勝者
ルノー・ルーテシア
円満で、まっとうな欧州コンパクト

フランス69・1%、イタリア58・4%。

2005年、それぞれの国の全乗用車販売に占めるディーゼル車比率である。ドイツは42・7%だから、ラテンの両国より、それでもまだガソリン車ががんばっている。

イギリスの自動車専門誌『トップギア』の巻末サマリーによると、クリオ（ルーテシア）のお薦めグレードは「ルノー・スポールが出るまで貯金するか、さもなければ、ラブリーなスモール・ディーゼル」とあった。グランデプントに至っては「ディーゼルならどれでも」と書いてある。ディーゼル比率36・8％と、欧州の平均（49・5％）よりかなり低いイギリスの雑誌ですらこう言っているのだ。

イタフラの小型車はイイね、と思っていたら、本国での事情は、いつのまにかこういうことになっていた。どうも最近、イタフラの小型車はイイねと思いづらくなったのには、そんな背景がひそんでいるのではないか。そう考えると、言ってもせんないことではあるが、うすら寒く、ちょっと空恐ろしい。

グランデプントは、よく言えば、驚きに溢れたクルマである。カッコに驚き、インテリアに驚き、走り出すと、パワーと乗り心地に驚く。ただし、驚きがけっしていい驚きばかりではないのが残念だ。

いちばん強く感じたのは、どう考えても、これがベスト・グランデプントとは思えないことである。イタリア人に言わせれば、「バールに来て、エスプレッソ飲まないで、わざわざ紅茶たのんで、マズイ！って言われても困るよなあ」というような日本仕様なのではないか。

そんなわけで、今回はクルマとして、はるかに円満なルーテシアの勝ちとしたい。

足まわりがいい。エンジンは大したことないが、大した問題ではない。欧州市場でのディーゼル化がさらに進めば、ルノーのこのクラスも、ガソリンエンジンはいずれ日産製になってゆくのだろう。

ただし、ルーテシアで個人的にいちばんナットクいかないのは、このデザインである。「曖昧」の一語に尽きる。かと思うと、後ろ姿はやけにヴィッツ似だったりする。

メガーヌやアヴァンタイムに見るとおり、パトリック・ルケマン率いる、いまのルノー・デザインは、強いデザインがツボにはまるとすごくイイけれど、ちょっと万人向けに振ると、途端につまらなくなる。日本でプジョー206がヒットしたのは、間違いなくあのカタチのせいである。いまの日本人は、強いデザインでも、もう大丈夫なのである。

とにかく、イタフラ実用コンパクト、がんばれ！

レアもの国産ホットハッチ対決

ダイハツ・ブーンX4

ダイハツ・ブーンX4ハイグレードパック：全長×全幅×全高＝3630×1665×1550mm／ホイールベース＝2440mm／車重＝980kg／エンジン＝0.94ℓ直4DOHCターボ付（133ps/7200rpm、13.5kgm/3600rpm）／トランスミッション＝5MT／駆動方式＝4WD／乗車定員＝5名／価格＝204万7500円

VS

三菱コルト・ラリアート・バージョンR：全長×全幅×全高＝3925×1695×1535mm／ホイールベース＝2500mm／車重＝1110kg／エンジン＝1.5ℓ直4DOHCターボ付（154ps/6000rpm、21.4kgm/3500rpm）／トランスミッション＝5MT／駆動方式＝FF／乗車定員＝4名／価格＝197万4000円

三菱コルト・ラリアート・バージョンR

ダイハツ・ブーンX4

VS

三菱コルト・ラリーアート・バージョンR

どんなクルマ？

公道も走れる競技車両

1・6ℓクラスの国内ラリーやダートトライアル参戦を主目的に投入された、いちばんホットなダイハツ。ビスカス4WDと組み合わされるエンジンはこれまでのブーンとは別物。ターボ係数1・7を考慮した936ccの4気筒DOHCにインタークーラー付きのターボを組み合わせ、133psのパワーを発生する。リッター当たり142psに達するピーキーなターボ・エンジンに対応する変速機はクロースレシオの5段MTのみ。そのほか、スポーツ・サスペンションや機械式LSD（フロント）などの即戦力を標準装備する。

ノーマルは183万7500円だが、試乗車は21万高の〝ハイグレードパック〟。かつてストーリアにあったX4がエアコンなしだった反省から生まれたモデルで、14インチ・アルミホイール（ノーマルは13インチの鉄）、キーレスエントリー、電動格納式ミラーなど

最強のコルト

お上品なコンパクトカーのイメージを払拭するかっ飛びコルト。ワルそうなスラントノーズに収まるエンジンは、既存ラリーアート用の1・5ℓ4気筒DOHCターボに排気系のチューンを加えたもの。154psのパワーもさることながら、21・4kgmに増強されたトルクが目をひく。

5ドアボディには、従来比1・5倍のスポット溶接が増し打ちされ、専用のスポーツサスペンションや、強化された4輪ディスクブレーキには、欧州仕様ターボモデルのノウハウが生かされているという。コルトは日本よりヨーロッパのほうがはるかに評価が高い。

ブーンのようなモータースポーツ御用達のストイックさはないが、そのかわり、仕様や装備は親切で、ゲトラグ製5段MTのほかに6段CVTも揃う。価格はいずれも197万4000円。2WDであることを考

が最初から付く。X4は〃クロス・フォー〃と発言する。

慮しても、価格競争力は高い。

どっちが速い？

短気まるだし

パッソ／ブーンの1ℓ3気筒（996cc）より小さい936ccの小排気量。しかもボア×ストローク＝72×57・5mmという超ショートストロークな4気筒にターボをかけて、自然吸気の1・6ℓ軍団に斬り込もうというブーンX4のエンジンは、ほかに例をみない短気まるだしのスポーツ・ユニットである。

4000回転までは仕事しない！　かと思えば、それを過ぎるとワッと一気呵成に吹き上がって7800回転のリミットに突き当たる。回ることは回るが、お行儀はあまりよくなくて、6000回転を過ぎると、シフトノブにくすぐったいバイブレーションが伝わる。ギアノイズの勝ったエンジン音も、ご陽気な音質とはいえ、かなりうるさい。

比べれば、高級エンジン

コルト・シリーズの主力エンジンは、1・3ℓ、1・5ℓいずれもスマート・フォーフォーと共用するMDCパワー社製である。4G系の国産エンジンは、このターボ・ユニットを残すだけとなった。

かんしゃく玉のようなブーンの1ℓターボと直接比較すると、三菱オリジナルの1・5ℓターボははるかにフツーだ。というか、余裕綽々の高級エンジンにすら感じられる。こちらも4000回転手前あたりからグッと盛り上がる、メリハリのわりにはっきりした過給ユニットだが、レブリミットの6600回転まで滑らかさを失わないところが大人だ。一部ガングロのワルそうなルックスからすると、意外やエンジン音も静かである。

 ダイハツ・ブーンX4

狭いパワーバンドを有効利用すべく、1速から4速までのギア比は低く、お互いクロースしているため、速く走ろうと思ったら、シフトの鬼になる必要がある。しかし、そのX4ドライビングがあたりまえにできるようになると、楽しいし、けっこう速い。それも、せせこましく速い。コルトどころか、ランエボをジャブでよろけさせるくらいのことはできる。

とにかく、X4はこのエンジンがすべて。いまどきこれほどパワーユニットに乗っ取られているクルマも珍しい。

VS

三菱コルト・ラリアート・バージョンR 

3速で引っ張っても100km/hまでしか出ないブーンの超ローギアリングに対して、こちらは3速で150km/h近くまで伸びる。100km/hから横一線でヨーイドンを試すと、5速同士ならブーンがわずかに先行するが、4速だと立場が逆転する。しかし、コルト3速対ブーン4速でも、ブーンはほとんど遅れをとらない。僅差でコルト有利の馬力荷重を考慮すると、ブーンの健闘が目立った。

でも、油断してデレッと乗るなら、速いのはやはりトルクに勝るコルトである。

どっちがファン？

パーツ交換前提の設定

レーシーきわまるエンジンからみると、ブーンX4の足まわりはかなり乗用車的である。まず、スプリングがわりと柔らかめだ。ダンピングもすごく強力とい

ドイツ車テイスト

スポット溶接箇所の点数増加や、サスペンションの取り付け剛性向上や、ブレーキの強化といったバージョンRならではのフィーチャーが最も成果を見せる

うほどではない。ワインディングロードでペースを上げると、やや腰高な印象を与える。足まわりが妙に腫れぼったいのだ。おかげで、980kgのライトウェイトを実感させる軽快感には、いまひとつ欠ける。乗り心地はファミリーユースになんら差し支えないが、エンジンとのバランスを考えると、やはりもう少しシャキッとしていたほうがうれしい。

ブレーキも、効きには不満ないものの、踏み味はスポーティではない。足応えがスポンジーで、しかも〝小さいものを踏んでいる感じ〟がつきまとう。総じて剛性感が足りない。ケチなブレーキに思える。

このクルマでラリーやダートラを本格的にやる人なら、極端な話、ボディとエンジン以外はすべて換えてしまうのだろう。ブレーキも、ホースをゴムからステンレスのメッシュに換えたりすれば、それだけでフィーリングはよくなるはずだ。しかし試乗車は、ランエボならGSRにあたる町乗り仕様である。価格も200万円オーバーだ。最初から換えることを前提にしたつくりやパーツ選びが目立つのはちょっと残念だ。

のは、ハンドリングセクションである。

ワインディングロードでの挙動は、ひとくちに重厚だ。ヒラヒラした軽快感はないものの、実にコントローラブルで安定している。サイズ以上にフットプリントの大きさを感じさせる乗り心地はフラットで快適だ。ブーンがイタ車的コンパクトカーなら、コルトは小さくてもどっしり落ち着いたドイツ車テイストである。山道を飛ばしていると、とても1・5ℓクラスとは思えないし、ブーンX4よりちょっと安いクルマとも思えない。エンジンと同じく、ボディや足まわりの印象もこちらは格段に高級なのである。踏力に応じてジワーっとコントロールできて、いざとなればガツンときくブレーキもイイ。ステアリングの剛性も高い。

駆動制御に関しては丸腰のブーンに対して、コルトにはアンチスピンのスタビリティ・コントロールがつく。そのセッティングもけっしてお節介ではない。そのせいもあって、20kgm超のトルクを実感させるコーナーからの脱出加速がキモチいい。いかにも入念にチューンされた高性能モデルの感がある。

ダイハツ・ブーンX4

VS

三菱コルト・ラリアート・バージョンR

どっちが実用的？

シフトフィールは改善の余地あり

〝ハイグレードパック〟にエアコンは標準装備だが、オーディオはラジオすら付かない。ダッシュボード中央の〝空き地〟を初めて見たときは、つくづく「ケチ！」と思ったが、走り出すと忘れた。エンジンノイズとギアノイズがうるさくて、とてもオーディオを楽しむ環境ではないからだ。コンスタント・スロットルの高速道路でも、100km／hですでにそうとうやかましい。それもそのはず、5速トップでも4300回転に達している。

クラッチペダルは重くて困るほどではないが、それなりに踏み応えに富む。それはいいが、5段MTのシフトフィールがすぐれないのは気になった。シフトストロークは長くないのに、タッチがわりとグニャっとしていて、しかも変速の際、ひっかかることがある。もう少しスムーズで節度感がないと、競技では具合が

ファミリーカーとして十分使える

ブーンから乗り替えて走り出すと、コルトはまずクラッチペダルが軽い。エンジンが静かで、振動もない。ファミリーカーとして広い用途に使うなら、コルトが圧倒的に高ポイントである。

シフトフィールが弱点のブーンに対して、コルトのゲトラク製5段MTはよくできている。動きは軽く、節度感にも富む。6段CVTと同じ値段というのもナットクである。というか、量産のメリットを考えると、これからはMTモデルのほうが高いお金を出さないと買えなくなるのかもしれない。

試乗車にはオプションのレカロ・シート（前席2脚で16万8000円）が付いていた。ランエボⅧ・MR用と同じものだという。フラットで剛性のある乗り心地は、このシートのせいもあると思う。

レカロを選ぶと、ダッシュボードの樹脂製ガーニッ

悪いのではないか。とにかくこのクルマは、シフトしてこそ、なのだから。

約３００kmを走って、燃費は9km／ℓちょうどにとどまった。小排気量でも、回してナンボのターボカーだとこんなものだろうか。

とはいえ、１ℓ３気筒のノーマル・ブーンがプリウス並みの実用燃費を記録することを思うと、実に贅沢なリッターカーだ。


シュが自動的にエンジになる。このテカテカした派手なプラ板がちょっと場末のスナックを思わせるのは残念だが、それを除くと、内装のつくりも質感も、ブーンをかるく凌ぐ。何度も言うが、こっちのほうが安いとはとても思えない。

だれも触っていないのに、トリップメーターがリセットしているという謎のトラブルが発生して、燃費はとれなかった。

勝者

ダイハツ・ブーンX4

あっち行け！ オレも行くから

各論をお読みいただければわかるとおり、偏差値評価をしていけば、文句なしにコルトの勝ちである。

だが、個人的には、今回、迷わずブーンＸ４に軍配を挙げる。これは、いいかわるいかではなく、もっぱら好きか嫌いかを問うてくるクルマだ。コルトの「イイ」と思う感動より、ブーンの「これ、好き」と思わせる感動のほうが大きかったということだ。

いまどきこんなに鬱陶しいクルマはない。ピーキーなターボ・エンジンは、ツボにハマれば速いが、うるさいし、振動もある。超ロー・ギアードだから、速く走らせようと思ったら、一瞬だってシフトをサボれない。

だが、そういう手のかかるところがイイんだなあと思えれば、このクルマはもう好きになったも同然だ。クルマで楽しむためのクルマではない。あくまでクルマを楽しむためのクルマである。細かすぎて伝わらないかもしれないが、90年代の始めに乗って感動したフィアットのチンクエチェント・トロフェオを思い出した。ともあれ、トヨタ最小プチトヨタに、こんなやんちゃな親戚がいるのは痛快だ。

DCCS(ダイハツ・カー・クラブ・スポーツ)御用達のこの手は、ブーンの先代モデルともいうべきストーリアにも一時あった。ストーリアX4である。笑えるほどピーキーなところはブーンと同じで、当時、ぼくはほとんど買う寸前までいった。だが、どうやってもエアコンが付かないと聞いて、泣く泣くあきらめた。


純ベース車両モデルのみだったストーリアX4は、フットレストかと思うほどクラッチペダルが重く、4WDのブレーキング現象で、舗装路の四つ角を曲がるとギコギコいって、ときにエンストもした。それを思えば、ブーンはこれでもだいぶ快適になった。とはいえ、「マニュアル、自信ないなあ」なんて思っている無辜《むこ》の民に、このクルマを薦めるほどぼくはアナーキーでも無責任でもない。

一方、コルトのラリーアート・バージョンRはすごくよくできたスポーティ・コンパクトである。ボディもシャシーもエンジンも、まんべんなくレベルが高い。本来、自動車雑誌的なガチンコ・ライバルは、スズキ・スイフト・スポーツあたりだろうが、高性能スイフトと比べても、機械の贅沢さをより強く感じさせるのはコルトのほうだ。このままヨーロッパの口うるさいジャーナリストに乗せても、高い評価を得るだろう。だから、今回は相手(ブーンX4)が悪かった。というか、評価したやつ(オレ)が悪かった。スイマセン。

ヨーロッパでは真っ向勝負

フォルクスワーゲン・ゴルフGT・TSI

ゴルフGT TSI：全長×全幅×全高＝4225×1760×1500mm／ホイールベース＝2575mm／車重＝1410kg／エンジン＝1.4ℓ直4DOHCターボ＋スーパーチャージャー付（170ps/6000rpm、24.5kgm/1500-4750rpm）／トランスミッション＝6AT／駆動方式＝FF／乗車定員＝5名／価格＝305万円

VS

トヨタ・オーリス180G

オーリス180G Sパッケージ：全長×全幅×全高＝4220×1760×1515mm／ホイールベース＝2600mm／車重＝1270kg／エンジン＝1.8ℓ直4DOHC（136ps/6000rpm、17.8kgm/3500rpm）／トランスミッション＝CVT／駆動方式＝FF／乗車定員＝5名／価格＝208万9500円

VWゴルフGT・TSI VS トヨタ・オーリス180G

どんなクルマ？

〝ダブルがけ〟ゴルフ

これまでのGTにとってかわるゴルフが、GT・TSIである。TSIとはエンジンを指す。今後、VWのガソリン・エンジンのなかで重要な地位を占める新型直噴4気筒だ。

厳しさを増す欧州の燃費規制を見据えて、TSIが掲げるテーマは「小排気量＋過給」。1・4ℓ16バルブDOHCにスーパーチャージャーとターボチャージャーを直列で〝ダブルがけ〟した直噴ツインチャージャーを最大の特徴とする。

ルーツ型スーパーチャージャーは3500回転まで、ターボは主にそれ以上の回転域で過給を行う。パワーは170ps、トルクは24・5kgm。2ℓFSIの旧GT（150ps、20・4kgm）と比べると、とくにトルクの増大が著しい。変速機も、これを機に6段ATから6段DSGに切りかわった。GT・TSIはGTIのひ

トヨタが作ったゴルフ

トヨタ曰く、まったく新しい日欧戦略車。しかし、最も重要なのはヨーロッパ市場に違いなく、ヤリス（ヴィッツ）で地固めをしたいま、いよいよこのクルマで欧州小型車の本丸に攻め込むことになる。カローラ・ハッチバックの後継モデルとして、向こうでもオーリスの名で販売される。車名はオーラ（aura）からきた造語というが、まさに大きなリスみたいな5ドアボディの外寸は、次々とプレミアム化が進むゴルフ級ハッチバックの欧州標準にドンピシャリあてはまる。

日本市場を考えると、5ナンバーが捨てられないカローラ・セダンとはべつに、新しいプラットフォーム（車台）をもつユーロ・スタンダードのカローラをつくったら、オーリスになった、ということだろう。

エンジンは、カローラ・セダン（アクシオ）にも使われている1・8ℓと1・5ℓ。対決するゴルフのパ

とつ下に位置するモデルだが、カタログスペックを見る限り、かなりＧＴＩ寄りになったというべきだろう。価格は旧ＧＴより３万円高い３０５万円。

フォーマンスに合わせて、試乗車には１・８ℓの最上級モデル、１８０Ｇ・Ｓパッケージを選ぶ。価格は２０８万９５００円。

どっちが速い？

デイリー・ドラッグスター

新しいＴＳＩユニットは、ひとことで言うと、おもしろいエンジンである。必ずしも〝ｆｕｎ〟ということではなく、興味深いというおもしろさだ。

まず、いい点から言うと、力がある。とくに、スーパーチャージャーによる低回転域の加速、わけてもスタートダッシュは２００psのＧＴＩもうかうかしていられない速さである。その場合でも、エンジンはうるさくないし、表情もとくにスポーティではない。なのに、Ｄレンジのまま加速すれば、最初の〝ひと蹴り〟で後続を引き離せる。さすが最大トルクを１５００回転からヒリ出すエンジン。デイリー・ドラッグスター

燃費よし

以前、１・８ℓのオーリスに初めて乗ったときは、エンジンがえらく元気で活気に溢れる印象があったが、ＴＳＩと比べてしまうと、そっち方面ではいささか分が悪い。ゴルフは１７０psで、車重１４１０kg。自然吸気１・８ℓのオーリスは１３６psで１２７０kg。車重はだいぶ軽いが、馬力荷重では明らかな差がある。というか、ＴＳＩの直噴ツインチャージャーは、とりわけ速さを望むときに速いエンジンなので、馬力荷重以上に力の差を感じるのだ。高速道路で、横一線からＤレンジ・フル加速を試しても、オーリスはまったく歯が立たなかった。

VWゴルフGT・TSI

と呼びたい。一方、ターボが活躍する高速域は、どこまでも伸びてゆくような加速感がかなり気持ちいい。

フラップでコントロールされるダブル過給の〝境目〟は、運転していてもわからない。しかし、速さと表裏一体のことだが、低速域での過給が一般のドライバーには少々、やりすぎかなという気もした。グワっと盛り上がるトルクに対して、DSGのチューンも完璧とはいえず、変速はときにややギクシャクする。〝上等なゴルフ〟だった2ℓFSIの旧GTに比べると、とくに街なかではせせこましい。それをおもしろいと感じれば問題なしだが。

VS

トヨタ・オーリス180G

とはいえ、これだけに乗っていれば、カローラ・セダン（アクシオ）と同じ1・8ℓ4気筒も、十分以上にスポーティなエンジンである。オーリスの1・8ℓに標準装備される7速シーケンシャル機構付きCVTも、ピックアップのよさにひと役買っている。変速はゴルフTSIのDSGよりも滑らかである。

燃費は2台とも優秀だ。とくにオーリスは約400kmを走って**10・7km／ℓ**を記録する。ゴルフも約500km区間で**9・2km／ℓ**をマークした。あの加速でこの燃費とは、こちらもおトク感が高い。ただし、ゴルフのほうは無鉛ハイオクが指定になる。

どっちがファン？

ポロ並みの軽快さ

ワッペングリルの中をブラックのメッシュにして獰猛さを強調したGTIに比べると、GT・TSIのルッ

欧州スタンダードの足まわり

前：ストラット、後：トーションビームという構成は、ランクス／アレックスと同じだが、オーリスのサ

クスはかなり控えめだ。タイヤは同サイズの17インチ225ヨンゴーを履くが、サスペンションはGTIほどスポーティではないと発表されている。

しかしそれでも、TSIの足まわりは操縦性重視である。ワインディングロードでは水を得た魚だ。サスペンションの味つけもさることながら、TSIならではの素性のよさを感じさせるのは、ノーズの軽さである。ターンインがこれほど軽いゴルフはない。コーナリングにおける軽快感は、ゴルフであることをしばしば忘れさせる。ポロに乗ってるんじゃないか、と思う。この軽さは、即決トルクのツインチャージャーがもたらす自在な立ち上がり加速のせいでもあろう。快音を聞かせるわけでもないし、回転がとくにスイートなわけでもないが、しかしこのエンジンは〝クルマの中心〟として、かなり強い存在感をもつのである。

山道を走っていてひとつ気になったのは、〝両足派〟との相性の悪さだ。2つのペダルをぼくは左右それぞれの足で踏む。しかし、アクセルとブレーキをわずかでも同時に踏む局面があると、VW系の2ペダル車は途端にエンジンを失速させるのだ。


スペンションは新設計である。

ゴルフから乗り換えると、着座位置とアイポイントがちょっと高い。乗り心地もあちらより角がとれていて、よりファミリーカー然としている。そういった意味では、あまりスポーティさを予感させないのだが、しかし、オーリスもトヨタのFF車としては白眉と言っていいほどのハンドリングカーである。

街なかでのやや腰高な印象は、ワインディングロードに踏み込むと、サスペンションのたっぷりしたストローク感に変わる。バネが豊かな感じがするのだ。ロールは自然で、しかも傾いた状態でなおかつ血の通った安定感がある。なにをやっても、イッパイイッパイになる気配がない。こういうフトコロの深さは、たしかに欧州スタンダードといえる。スピン制御のチューニングも絶妙で、これなら腕のたつドライバーにも余計なお世話と思われずにすむはずだ。こういったステージでは7速シーケンシャルモードが楽しさを盛り上げる。前席フロアを二分する特徴的なセンターパネルのおかげで、CVTのセレクターがステアリングに近づき、運転操作の動線がコンパクトなのはいい点だ。

VWゴルフGT・TSI VS トヨタ・オーリス180G

どっちの居心地がいい？

大人の国のクルマ

ゴルフとオーリスのボディサイズはほとんど一緒である。1760mmの全幅は同一。全長は5mm、全高は15mmしか違わない。後発のオーリスがゴルフのスリーサイズを生き写しにしたかのような符号である。

だが、車重はゴルフのほうが140kgも重い。たとえばオーリスの好燃費は、軽量の賜物でもあるのだろうが、逆に、重さがゴルフにいい結果をもたらしているのは、ひとつにはボディのしっかり感だろう。ドアやテールゲートを開け閉めするたびに、剛性の確かさを実感する。重くつくってあるだけのことはあるなあと思う。

内装に特筆するほどの目新しさはなく、いつものゴルフである。だが、オーリスから乗り換えると、シンプルで落ち着いた居住まいにホッとする。オーリスが「美しい国」のクルマなら（笑）、ゴルフはやはり「大

中世ヨーロッパだと⁉

オーリスの運転席を特徴づけるのは、恐竜の尻尾のようなセンターパネルだ。フライング・バットレス（空飛ぶ梁《はり》）と呼ばれる中世ヨーロッパの建築様式からヒントを得たと説明される。この構造物の上にCVTのセレクターをもってこれたので、シフト操作が手元感覚でできるようになった、とは前述したとおりだが、そのメリットを考慮しても、いささか押しつけがましいアイデアだと思う。この宙に浮くプラスチックのかたまりが、まず気に入るかどうかがオーリスのオーナーになれるか否かの分かれ目だろう。

フライング・バットレス上にある駐車ブレーキのレバーも手元に近い。形状も凝っている。そこまではいいのだが、レバーの根元に剛性がなく、左右にグラグラするのは早急に改善したほうがいい。

エンジンをかけると、それまで真っ黒だった計器パ

人の国」のクルマである。

前段で操縦性重視の足まわりと書いたが、ゴルフGT・TSIの弱点は乗り心地だ。とくにタウンスピード領域で、ヨンゴー・タイヤからの突き上げが気になる。8割方は奥さんが買い物用に使うような用途だと、ややスポーティに過ぎるかもしれない。乗り心地の快適性は、旧GTのほうが上だった。

勝者

チャレンジングな過給エンジンがイイ

VWゴルフGT・TSI

ネルに、複眼のオプティトロンメーターが点く。昼なお派手なオレンジ色のメーターは、デザインも含めて、やはり〝過剰〟だと思う。

ゴルフに較べて高ポイントなのは、後席の広さである。レッグルームもヘッドルームも、少しずつ上回る。トランクは、タイヤの蹴りがないゴルフのほうが使いやすそうだが、オーリスは後席背もたれを倒すだけでフルフラットになる。


オーリスの開発テーマは「直感性能」だという。直感でわかるクルマに仕立てた、ということなのかもしれないが、個人的には、あの前席中央に浮かんだセンターパネルやオレンジ色の派手なメーターが、直感的にダメだった。ゲーム世代の若者なら、OKなのだろうか。ヨーロッパでの日本のイメージが、フジヤマゲイシャからアニメやゲームのようなものに移りつつある、ということまで見越しての内装デザインなら、それはそれで意味があるのかもしれないが。

でも、シャシーを始め、クルマの基本はいいのだから、あんまり小手先のデザインに凝らないほうがいいのではないか。

だから、今度の勝者はゴルフである。

とはいえ、このニューゴルフも、取材に参加したスタッフのなかには賛否両論があった。

「小排気量＋過給」をテーマにする新エンジンは、ゴルフのパワーユニットにしてはやや落ち着きを欠く。油断するGTIドライバーを慌てさせるほど速いクルマだが、しかし、速さがちょっと〝無理をしている〟感じはある。

おおざっぱに言うと、低回転ではスーパーチャージャー、中高回転ではターボが活躍して、1・4ℓ4気筒のトルクを肉付けする。だが、エンジンそのものの存在感はごく薄い。プリウスにおけるエンジンに近いものがある。もっぱら2つの過給器だけで走っているような感覚を、違和感と捉える人もいるだろう。でも、ぼくはそうしたことも含めて、このゴルフはおもしろいと思った。〝新しさ〟を感じたのだ。

異種過給器二段がけといえば、1980年代の終わりにマーチ・スーパーターボというクルマがあった。しかし、あれはあくまで、パワーのためにスーパーチャージャーとターボを上乗せしたものだった。

ところが、TSIユニットは違う。

1・4ℓ4気筒そのものは、欧州のガソリン・ゴルフで最も数売れているパワーユニットだが、TSIはそれをベースにツインチャージャー化を施し、2ℓ直噴4気筒よりパワフルで、しかもCO_2排出量の少ないエンジンに仕立てた。まじめで理屈っぽい、そしてなによりチャレンジングな過給ユニットである。こういう技術オリエンテッドなスチューディアスさというのは、本来、ゴルフがもっていた特徴である。「プレミアム」だけじゃないんだゾと。そう考えると、個人的にますますシンパシーを感じる。久々にウンチクを傾けられるゴルフである。

雰囲気づくりを含めたスポーティモデルとしての総合点では、さすがにGTIに及ばないが、でも、ツインチャージャーによる軽々とした速さや、贅肉感のない引き締まった足まわりに、〝ゴルフの911GT3〟とも言うべきスポーティさをぼくは感じた。ま、興味があれば、とにかくいっぺんディーラーで試乗させてもらってください。ちょっとおもしろいゴルフだから、とお薦めしたくなるクルマである。

ドイツ製プレミアム・
ホットハッチ対決

フォルクスワーゲン・ゴルフR32

フォルクスワーゲン・ゴルフ R32：全長×全幅×全高＝4250×1760×1505mm／ホイールベース＝2575mm／車重＝1540kg／エンジン＝3.2ℓ V6DOHC（250ps/6300rpm、32.6kgm/2500-3000rpm）／トランスミッション＝6MT／駆動方式＝4WD／乗車定員＝5名／価格＝419万円

VS

BMW130i

BMW130i M-Sport：全長×全幅×全高＝4240×1750×1415mm／ホイールベース＝2660mm／車重＝1430kg／エンジン＝3ℓ直6DOHC（265ps/6600rpm、32.1kgm/2750rpm）／トランスミッション＝6MT／駆動方式＝FR／乗車定員＝5名／価格＝487万円

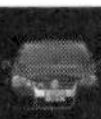

VWゴルフR32

VS

BMW130i

どんなクルマ？

ゴルフ型全天候スポーツカー

3・2ℓV6に4MOTION（ハルデックス・カップリングの4WD）を組み合わせた史上最強のゴルフ。ゴルフⅣに次ぐ2代目R32でもある。

基本的に旧型からキャリーオーバーしたエンジンは、おなじみ挟角15度Vヘッドの3188cc6気筒。新型パサート用の3168ccV6やアウディの3122ccV6と違って、FSI（直噴）ではないが、排気系の見直しによりパワーは旧型の241psから250psに向上した。

900台の限定輸入だった旧型R32に対して、DSG付きを加えた新型はレギュラーモデルとなる。主力は5ドア右ハンドルのDSG（439万円）だが、受注生産で6段MTの3ドア左ハンドル（419万円）も用意される。ここでは130iに合わせてMT仕様を選んだ。DSGは生産が追いつかず、ゴルフGTI

最強の3ℓ直6を詰め込む

1シリーズに、とっておきの3ℓストレート6を搭載したスーパーコンパクトBMW。

エンジンは、バルブトロニックとダブルVANOSを装備したマグネシウム合金製ブロックの直列6気筒だが、130iへの搭載にあたって、わずかに強化され、265psのパワーと32・1kgmのトルクを得ている。ちなみに、330i、530i用はいずれも258psと30・6kgm。排気マニフォールド（タコ足）の写真を見ただけで、クルマ好きならウットリする新型直6は、いちばん小さな1シリーズでいちばん大きなアウトプットを誇る。

日本仕様の130iはMスポーツのみ。変速機も6段MTのみ。試乗車にはアクティブ・ステアリング、電動サンルーフなど、90万円近いオプションが装備され、573万3000円に達する。諸経費込みでかなる

でも納車まで半年待たされる。そのため、MTでも納期に差はないとか。

く600万円超とは、Mスポーツというより、もはや〝M1〟である。

どっちが速い？

音も自慢の高級V6

アイドリングからアクセルをアオると、反応鋭く回転が上下して、後ろからウォンウォンとテノールの排気音を聞かせる。横置きエンジンだから、ブリッピングのたびにボディがかすかに前後に揺れる。オッ、スゴイなとかまえて走り出すと、度過ぎて蛮カラなところは少しもない。コンスタント・スロットルなら、あくまで平穏で滑らかな高級6気筒だ。しかし、シフトダウンして回転を上げれば、たちまちスポーティな咆吼が沸き上がり、250psユニットの本性を見せつける。R32のV6は、スポーツ性と高級感とが同居した好エンジンである。

新型R32を生んだ企画チーム〝VWインディビジュ

速さは互角

排気量では負けるが、しかし、パワーは130・iのほうが15ps上回る。しかも、4WDのR32は車重が110kg重い。馬力荷重を比較すると、R32の6・16kg／psに対して、130・iは5・39kg／psになる。だが、実用域の速さでは2台にこの数値ほどの差はない。

100km／hから同時に加速してみると、6速トップでは、むしろR32のほうが半車身リードする。5速と4速では、逆に130・iがわずかに先行する。3速ではほとんど差が出ない。つまり、ほぼ互角だ。

となると、より排気量が小さく、しかも重量税がワンランク安い130・iにシンパシーを感じる向きもあ

VWゴルフR32

アル"の仕事ぶりを最も強く感じるのは、車外で聞く排気音だ。テール中央に2本突き出すエキゾーストパイプからはかなり特徴的な音が出る。発進時にはビリビリ系の、ややワルイ子がかったサウンドだが、回転が上がるにつれ、澄んだイイ音になる。峠道に消えて、そうとう遠くへ行っても、その音だけが山あいから洩れ聴こえてくる。かなり入念に排気音のチューンが施されたことをうかがわせる。

20万円高のDSG仕様にはまだ乗ったことがないが、このエンジンなら左足の踏み甲斐もある。ギアシフトも節度感の点で130iをしのぐ。

VS

BMW130i

ろうが、いずれにせよ、どちらも駿足快速の6気筒ホットハッチには違いない。

出来のいいR32のV6が相手だと、130iの直6も芸術点でそれほど大きなアドバンテージを感じさせないが、高回転での気持ちよさはやはりR32を一歩、リードする。4500回転あたりから、一段と力強く、しかもうれしそうに回る表情は、BMWストレート6ならではである。

テスト中の平均燃費は、130iが8・0km/ℓ、R32が7・6km/ℓだった。こちらは排気量と車重相応というところだろうか。

どっちがファン?

4WDのスタビリティ

新型R32の第一印象は、予想以上を通り超して、予想外のコンフォート志向だった。とくに足まわりがそ

コーナリング・マシン

登録諸費用込みだと、かるく600万円オーバー。はっきり言って馬鹿高い130iの試乗車に、こりゃ

うである。
旧型R32の脚は、ガッチガチと言いたくなるほど硬かったが、こんどはだいぶ人心地がついた。依然、ダンピングは強力だが、ストローク感は増し、乗り心地の快適さはもはやファミリーカーとして使うのに言い訳いらずである。225／40ZR18という戦闘的なタイヤを履くことを思えば、なおのこと立派だ。GTIのほうが硬い。というか、「GTI is back」と謳うGTIがあったればこそ、6気筒のR32をこういう味つけにできたのだろう。

そんな足まわりは、ワインディングロードだと徹底して安定志向である。250psのパワーが器からこぼれるような素振りは見せない。何をやってもこわくないと思わせる、高いスタビリティが印象的だ。

しかしそのかわり、130iほど楽しくない。4WDのサポートで、もしかしたらより速いペースは保てるかもしれないが、おもしろみは後輪駆動の130iに及ばない。ゴルフGTIと較べても同じである。FWDのGTIのほうが、アクセル操作や荷重移動による挙動の変化を能動的に楽しめる。山道でのR32はやや〝太っている感じ〟がするのだ。

高くないゾといちばん思わせたステージは、ワインディングロードだった。

もともとそんなに長くない直列6気筒を、キャビン側のバックワードにフロント・ミドシップ・マウントした。おかげで車検証記載の前後軸重は750対700kg。小さなボディに大きなエンジンの、頭でっかちを想像させるこのモデルですら、BMWの理想にほぼ近い52対48を実現している。ちなみに、R32は61対39、3・2ℓV6でFFのアルファ147GTAは65対35である。

ライバルを寄せつけないすぐれた前後重量配分は、R32から乗り換えてもすぐにわかる。とにかく、ノーズが軽い。なるほど車両の回転中心が、クルマのド真ん中にある感じがするのだ。

加えて、反則ともいえるのが、オプション(19万3000円)のアクティブ・ステアリングである。据え切りだとロック・トゥ・ロックわずか1・8回転で仕事を終えるこの電子制御ステアリングは、とびきりクイックなレスポンスと、軽い操舵力という現世御利益をもたらしてくれる。110kgの車重差以上の身軽さを感じさせる飛び道具である。

VWゴルフR32 VS BMW130i

どっちが快適？

さすが最高価ゴルフ

受注生産とはいえ、6段MTのR32は、日本仕様ゴルフV初めてにして唯一の3ドアモデルである。その使い勝手やいかにといえば、けっこう5ドアとの差は大きい。とくに後席の乗降性は劣る。後ろにしょっちゅう人を乗せるR32志願者なら、迷わず5ドアのDSGを選ぶべきだ。

旧型R32は標準装備のフロントシートがケーニッヒ製だったが、今回の試乗車には左右2席で21万円もするオプションのレカロ製レザーシートが付いていた。4点式シートベルト対応で、一見、バケットシートふうだが、背もたれはリクラインがきく。しかし、座面の両サイドが盛り上がっているため、出入りはしにくい。標準装備のレザーシートもシート両サイドに高い峰を持つが、よりコンフォート志向を強めた新型R32のキャラクターを考えると、もう少し大人しいシート

硬すぎる乗り心地

ボディの全長と全幅はほぼ同じだが、全高は130iが9cm低い。ホイールベースも約9cm短い。しかも、スペース効率に劣る直列6気筒縦置きレイアウトである。ゴルフより居住性が劣るのは致し方ない。

ドアが4枚あっても、前席の居住まいはクーペのようにタイトである。リアシートのレッグルームは、意外やゴルフとそれほど差はないが、床のフラット部分が狭いので、足の置き場が窮屈だ。ヘッドルームも、座高の豊かな人には余裕がない。

平常時の荷室長はゴルフより5cm長いが、一見してとてもそうは見えない。低い全高と、後ろ下がりのルーフラインのために、テールゲートの開口部が小さいからである。

しかし、1シリーズはそうしたことをいちいち気にする人のクルマではない。BMWには見えても、ハッ

のほうがいいのではないか。

レカロ・シートの前席バックレスト背面は、よく磨き込まれた黒い樹脂パネルで出来ている。リアシートに座ると、そこにいつも自分の全身図が映り込んでおり、なんともいたたまれなかった。

ブラック一色の印象が強いGTIに較べると、R32のインテリアはもう少し賑やかで、華がある。さすがにいちばん高いゴルフである。


チバックだと、にわかには了解できない。ひょっとして後ろも開かないんじゃないかとさえ映る独創的な5ドアボディが1シリーズの魅力だろう。

乗り心地は硬い。高速道路では多少、よくなるものの、タウンスピードだとグイグイ揺すられがちだ。以前、後席で長距離を経験したときには、ちょっとアゲっぽくなった。Mスポーツのみという BMWジャパンの高付加価値商策が恨めしかった。

勝者

無敵のファン・トゥ・ドライブ
BMW130i

ゴルフⅣ時代の2003年、「名ばかりのGTIは道を開けろ」と言って登場したのが初代R32だった。

241psのV6・4MOTIONのゴルフは、それまであったVR6とは完全に一線を画す高性能ゴルフだった。とくに足まわりはイヤってほど硬い。スポーティを通り越してレーシーだったキャラクターは、アルファ147GTAやルーテシアV6あたりがターゲットであることをうかがわせた。

その2代目は、しかし意外にもマルくなっていた。乗り心地はだいぶカドが取れたし、車外で聞くスポーティな排気音も、乗っていればうるさくない。3・2ℓV6エンジンそのものの高級感にも一段と磨きがかかった。AT限定免許で乗れるDSGを得たこともあり、レギュラーモデルに格上げされた新型R32は、かなりコンフォート側に振られたのが特徴といえる。

とはいえ、現行GTIにガキっぽさを感じる人にとっては魅力的なスポーツプレミアム・ゴルフである。

今回、130i・Mスポーツと較べても、甲乙つけがたかった。いや、細かい項目ごとに偏差値評価をしていけば、総合点でBMWを上回るかもしれない。いかにもVWらしいわかりやすさを備え、130iほどマニアックではない。しかも、4WDでありながら、価格は70万円近く安い。「ゴルフに400万円オーバー！」と驚かせても、しっかりダントツのプライスリーダーを押さえているところもVWらしい。

とはいうものの、個人的にどちらがより魅かれたかといえば、それは130iのほうだった。

130iからR32に乗り換えても、とくに大きな感慨はない。そのまま乗り続けていると、R32もいいクルマだなあと思う。ところが、それから130iに乗り移って、走り出すと、「やっぱりこれだ！」と膝を叩く。とくにワインディングロードでは、その傾向に拍車がかかる。他の6気筒プレミアム・ホットハッチと較べても、130iの操縦感覚はコートを1枚脱いだかのように軽い。ファン・トゥ・ドライブではライバルを寄せつけない。

いまや絶滅危惧種ともいえる直列6気筒と、50対50の前後重量配分。BMWが〝車是〟に掲げるこのふたつを、いちばんコンパクトな1シリーズ・ボディに収めたのが130iである。小さいながらも、「BMWの見本」みたいなクルマである。

たしかに価格は高い。あと100万円安ければなあと思う。しかし、高くても、わかる人にしかわからないこういうクルマを、その分、長く乗り続けるのがカッコイイんじゃなかろうか。

ユーロFF2ℓ最強の座をかけて

フォルクスワーゲン・ゴルフGTI

フォルクスワーゲン・ゴルフGTI：全長×全幅×全高＝4225×1760×1460mm／ホイールベース＝2575mm／車重＝1460kg／エンジン＝2ℓ直4DOHCターボ付（200ps/5100-6000rpm、28.6kgm/1800-5000rpm）／トランスミッション＝6AT／駆動方式＝FF／乗車定員＝5名／価格＝336万円

VS

ルノー・メガーヌRS

ルノー・メガーヌ・ルノー・スポール：全長×全幅×全高＝4230×1775×1450mm／ホイールベース＝2625mm／車重＝1370kg／エンジン＝2ℓ直4DOHCターボ付（224ps/5500rpm、30.6kgm/3000rpm）／トランスミッション＝6MT／乗車定員＝5名／価格＝378万円

VWゴルフGTI VS ルノー・メガーヌRS

どんなクルマ？

帰ってきたのは自己主張？

〝GTI is back〟このクルマのプレスリリース冒頭には、そんなアーノルド・シュワルツェネガーみたいなコピーが書いてある。たしかにゴルフVのGTIはいままで空席だった。けれども、日本じゃつい1年前まで売っていた旧型の4代目ゴルフにだってGTIはあったのだ。うっかりそれを買ってしまった人にしてみれば、「オレの立場はどうなる！」と言いたくなるようなセリフだろう。

でも、メーカー自身、思わず「ゲーテーイーが帰ってきた！」と主張したくなるのが今度のGTIである。200psの2ℓ直噴4気筒DOHCターボは、ひとあし先に出たGTXと共通だが、ローダウンしたサスペンションやパワーステアリングは専用だ。黒いハニカム・グリルのマスクなどは、ちょっとやりすぎに思えるくらいの自己主張ぶりである。いずれにしても、

特別ラインで作られるメガーヌ

BMWで言えば〝Mスポーツ〟にあたるのが、ルノー・スポールである。ルノーの量産ラインとは別口でスポーティ・バージョンを自製している。独自にモータースポーツ活動も行っている。わかりやすく言うと、日産にとってのNISMOである。

そのルノー・スポールが手がけたメガーヌがこれである。いかにもルケマン・デザインの前衛的なリアスタイルと、お取り寄せ的な高性能の上塗りは意外な取り合わせに感じられるが、スペックを見るとゴルフGTI以上にアツイ。

6段マニュアルのみのギアボックスと組み合わされるエンジンは、ルノーの2ℓ4気筒DOHCをベースにターボ化を施し、さらにピストンやカムシャフトまでルノー・スポールの手が入る。その結果、パワーは224ps。同じ2ℓターボでもGTIを1割以上しの

〝帰ってきた〟のは初代ゴルフの〝ＧＴＩ性〟ということだろう。

6段マニュアル（３２５万５０００円）もあるが、今回は３３６万円のＤＳＧを選んだ。


ぐ。そのほかサスペンションもＲＳ専用チューン。前後ブレーキにはブレンボが奮発される。

さきごろ右ハンドルの5ドアも加わったが、今回は3ドア（３７８万円）を登場させた。

どっちが速い？

フェラーリもＢＭＷも超えた⁉

ゴルフＧＴＩは実に気持ちよく速いクルマである。2ℓターボで２００psのアウトプットは、日本車的に言えばけっして派手ではないが、そのかわり、高性能だからといってゴルフＶのプレミアム感をまったく損ねていない。４０００回転あたりからグンと厚みを増すトルクは、やはりターボならではだが、その一方で、高回転域での滑らかさや静粛性は、自然吸気の2ℓＦＳＩユニットよりも明らかに向上している。大人の4気筒ターボと言いたい。

これに組み合わされるＤＳＧ（ダイレクト・シフト・

速さはＧＴＩ以上

大人の速さという点では、メガーヌも負けていない。ルノースポール・チューンだあ！と気負って乗ると、意外や肩すかしを食らう。

エンジンは、アイドリングからとくに強い自己主張を発するタイプではない。走り出しても、まず真っ先に感心するのは、エンジンのスムーズさや静粛性、駆動系の滑らかさなどからくるクルマ全体の上等な肌合いだ。ＦＦの２ＷＤとしては限界に思えるハイパワーなのに、乗ると実に高級なのである。

ターボパワーの盛り上がりは３０００回転あたりか

ギアボックス）がまたすばらしい。

　システムそのものはアウディTTクーペやA3ですでにおなじみのものだが、ターボ・エンジンとの相性も申し分ない。デュアル・クラッチ・システムがもたらす変速の素早さは、フェラーリのF1ギアやBMWのSMGⅡなど、はるかに高価なクルマのマニュマチックもしのぐ。しかも、車庫入れのような微速域のマニューバリングも、問題なくこなすのだから言うことなしである。

どっちがファン？

スレたクルマ好きも燃えさせる

　GTIに乗って、いちばん楽しかったのは山道のワインディングロードである。ぼくくらいスレた自動車ライターともなると、もはやちょっとやそっとのファン・トゥ・ドライブでは興奮できなくなっているのだ

ら訪れ、そのままスロットルを踏み続けると7000回転まで回る。トップエンドまで回転は滑らかで、過給のドッカン・パワーで一気呵成に吹けきるせせこましい4気筒ではない。6段MTを操って料金所グランプリを敢行すると、2ℓとは思えない息の長い加速で楽しませる。

　速さはGTI以上である。0-100km／h加速6・5秒というメーカー公表値も、GTI（7・2秒）をしのぐ。知らぬまに驚くほどのハイスピードが出ているタイプの高性能車である。

手練れの仕事ぶり

　フロント・サスペンションを中心に、パワーアップへの対処が図られた足まわりは、そのスポーティさ以前に、まずなにより〝上等〟である。タイヤサイズはGTIと同じ225／45ZR17で、タウンスピードだ

が、このクルマは久々に燃えた。溜飲が下がった。

２２５／45ＺＲ17を履く足まわりは、さすがにゴルフ・ファミリーのなかでは最もスポーティに硬い。タウンスピードでの乗り心地もややゴツゴツする。だが、その脚がハンドリングコースで大入力を受けると、水を得た魚になる。

ストローク感たっぷりに伸び縮みするサスペンションは、有機生命体のようにしなやかである。なんともきれいにコーナリングできて、しかもぜんぜん退屈じゃない。

ＧＴＩがＧＴＩらしかった2代目までのゴルフは、コーナーでがんばると、わりと簡単に内側後輪が地面を離れ、3輪車の姿勢をとった。それでもとくに安定は失われなかったから、タイヤは3本でもいいのかあ……と、妙な感心の仕方をした。

その点、最新型ＧＴＩは4輪が最後まで粘っこく路面を捉えて放さない。ＥＳＰの介入もまったくお節介なところがなく、「門限なしだけど、帰っては来なさい」くらいの度量でドライバーを楽しませてくれる。オーナーになったら、週末の朝は早起きして、ホームゲレンデの峠道へ通いたくなるクルマだ。

とそれなりに細かなショックを拾うが、速度を上げるにつれて、乗り心地はフラットになり、ホットハッチどころか、むしろ高級車然とした落ち着きを発揮する。とくに高速道路での快適な乗り心地は、このクルマの美点のひとつでもある。

操縦性もすこぶる安定している。山道を飛ばしていると、「エンジンよりシャシーが速い」という表現を思い出す。ハイパワーＦＦをここまでシレっと安定させるのは、さすがルノー・スポールの手練《だ》れである。フットプリントの大きさを感じさせる足まわりは、上りでも下りでも、自信をもって踏めて、楽しめる。ＧＴＩほどではないにせよ。

ひとつ気になったのは電動パワーステアリングだ。平滑な路面では問題ないが、同じ舵角を保って回る中高速コーナーで、舗装の継ぎ目のような凸凹に遭遇すると、保舵力がヒュワっと一瞬、抜けたように軽くなることがある。そうなることを予想して、こっちが人間アクティブ・パワーステアリングになっていないと、外乱を受けるたびに軌跡が微妙に乱される。ふだんからわりと人工的なアシスト感の強いパワステだが、この性癖はぜひとも早急に改善してもらいたい。

VWゴルフGTI VS ルノー・メガーヌRS

どっちがおトク？

バーゲンプライス

ゴルフGTIの大きな魅力は、価格である。箱根でプレス試乗会が行われたときには、値段は未定だったが、VWジャパンの社長自ら、みなさんがアッと驚くような戦略的な価格をつけると言った。初めて聞いたときは、ぼくもちょっと驚いた。

こういうクルマだと、たとえばレザーシートなどを標準装備して思いきって高く売るという手もある。というか、儲かっているドイツ車の日本仕様はたいていそうした付加価値戦略をとる。だが、GTIは機能上なんら不足のないファブリックのスポーツシートを標準にして、その分、コストを下げている。3代目、4代目の「名ばかりのGTI」はともかく、ホンモノのGTIがこんなバーゲン・プライスで売られるのは初めてである。

いかにもよくできた工業製品といった感じの内装は、

デートカー度はRSの勝ち

斜め後ろから自慢のお尻を眺めていると、メガーヌのオリジナルデザインが3ドアであったことを確信する。サイドウィンドウのアーチラインと、湾曲したリアウィンドウとのあいだにできたリアクォーター・ピラーの緊張感がすばらしい。見較べると、5ドアはそのあたりがちょっとナマクラだ。

ボディ外寸は、GTIとほぼドンピシャリ同じだが、メガーヌはスカットルが低く、フロントウィンドウもより寝ているためか、前席の解放感は上だ。デートカー度も高いと思う。

一見して、内装もGTIより高級に見えるのは、レザーシートが標準であることが大きい。ルノー・スポールのレタリングが入った黒いシートは、オレンジのステッチがオシャレなだけでなく、適度に硬く、適度に柔らかく、座り心地も申し分ない。GTIのシートは

GTIだからといって、とりたてて大きな違いはない。最も目立つ専用装備品といえば、6時の位置を水平につぶしたステアリングホイールだろうか。その形状にとくに利点があるとは思えなかったが、吸いつくような革巻きリムの感触がとてもいい。ダッシュボードやドア内張りの一部に走るマットシルバーのガーニッシュも目新しいと思ったが、あとでカタログを調べたら、これはGL·iから同じ意匠だった。

バックレストのサイドの峰が高すぎて、ぼくのような小太り体形でもちょっと気になった。いずれにしても、メガーヌの室内の高級感は、40万円強の価格差を納得させる大きな材料ではある。

リアシートはGTIのほうが広い。荷室の広さや使い勝手も、素直なハッチバック・スタイルのゴルフにはかなわない。あえてこのデザイナーズ・ハッチバックを選ぶ人なら、そのへんは百も承知だろうが。

勝者

VWゴルフGTI

MTフェチも脱帽の新型変速機DSG

箱根で行われたゴルフGTIの試乗会には、VWからDSGの開発スタッフが参加していた。この画期的な2ペダル式電子制御マニュアル変速機には聞きたいことが山ほどあったので、有能な公式通訳がついていたのを幸い、いろんな話を聞かせてもらっておもしろかった。

DSG搭載第1号がアウディTTクーペだったので、開発はアウディなんでしょと聞くと、主導したのはVWだと言って譲らない。メカトロニクスとデュアル・クラッチはボルグ・ワーナーがつくり、電子部品は〝T

EMIC〟という会社が担当したというが、アウディの名前はぜんぜん出てこない。

ところで、VWのエンジニアは、アウディの人のこと、どう思ってるのと聞いたら、隣にいたVWジャパン広報のドロテアさんが、すかさず「なに、聞きたいんですか」と、流暢な日本語でツッこんだけど、エンジニア氏は「同じ家の兄弟だから、ケンカすることもありますよ」と言って、初めて笑った。いま、VWとアウディが冴えているのは、なにより彼らが身内同士で競争しているからに違いない。

今回は独仏のプレミアム・ホットハッチ対決というわけだが、2台ひっくるめて、どの部分が最も印象的だったかといえば、それはGTIのDSGだった。

ぼくは保存会会長に立候補したいくらいのMT好きなのだが、DSGには白旗を上げざるを得ない。Dレンジでもいやな違和感はないし、クリープも自然だし、マニュアルモードで走れば、回転合わせの自動ブリッピングがレーシーでカッコイイ。もちろんアップもダウンも変速は素早い。駆動感覚はむしろMTよりダイレクトで、まるでエンジンとタイヤが直結しているような感じを受ける。アウトプットシャフトを2分割にして、ギアボックス全体を短くまとめたことで、剛性が上がったためだろうか。カタログデータを見ると、加速も燃費もわずかにMTモデルを上回る。これらの性能で2ペダルカーが3ペダルカーをしのいだのは、DSGが初めてではなかろうか。これじゃあ、MTは左足の踏み損である。

MT好きのぼくは、これまでどんなATもどんなマニュマチックも、MT以上には好きになれなかった。でもそれは、ハイテク・アレルギーやノスタルジアではなく、新しいモノが単に〝よくなかったから〟ではなかったか、と確信させてくれたギアボックスがDSGである。

2台のプレミアム・ホットハッチを性格づければ、よりプレミアムを感じさせるのがメガーヌ・ルノー・スポール、よりホットハッチに振れているのがGTIである。

そして、世界最高のギアボックスで、GTIの勝ちとしたい。

新顔フレンチか、熟成イタリアンか

シトロエンC4クーペ

シトロエン C4 クーペ 2.0VTS：全長×全幅×全高＝ 4275 × 1775 × 1480mm ／ホイールベース＝ 2610mm ／車重＝ 1330kg ／エンジン＝ 2ℓ直 4DOHC（180ps/7000rpm、21.0kgm/4750rpm）／トランスミッション＝ 5MT ／駆動方式＝ FF ／乗車定員＝ 5 名／価格＝ 319 万円

VS

アルファ・ロメオ147

アルファ・ロメオ 147 2.0 ツインスパーク：全長×全幅×全高＝ 4225 × 1730 ×1450mm ／ホイールベース＝ 2545mm ／車重＝ 1300kg ／エンジン＝2ℓ直 4DOHC（150ps/6300rpm、18.4kgm/3800rpm）／トランスミッション＝ 5MT ／駆動方式＝ FF ／乗車定員 5 名／価格＝ 298 万 2000 円

シトロエンC4クーペ VS アルファ・ロメオ147

どんなクルマ？

シリーズ唯一のMT搭載車

C4がシトロエン久々の意欲作であるということは、5ドアと3ドアの2モデルで、カタチをここまで大きく変えてきたことでもわかる。アーチルーフの5ドア、テールエンドに昔のホンダCR-Xのようなグラスセクションを設けた3ドア。個人的には5ドアのほうがカッコイイし、美しいと思うのだが、それはともかく、サルーンに対してクーペと呼ばれる3ドアボディに、シリーズ最強の2ℓ4気筒DOHCを搭載したのがVTS（319万円）である。

エンジンはプジョー206RCで初めて登場した2ℓユニット。ヨーロッパの自然吸気2ℓとしては大盤振る舞いの180psを発生する。ギアボックスは5段マニュアルのみ。日本仕様のC4をマニュアルで乗りたいと思ったら、VTSを選ぶしかない。プジョー・ジャポンのMT派太陽政策をシトロエンは見習わないの？

熟成されたエントリー・アルファ

2000年10月のデビュー以来、初めての大がかりなフェイスリフトを受けた147。ひとめでわかる違いは、3連ヘッドランプの採用でフロントマスクが156同様の〝薄目〟になったこと。旧型では〝造形の爆心地〟のようだったアルファの楯も、存在が薄められてノーズにより溶け込んだ。当然、デザインの純度も薄まった、と思う。

試乗車はC4に合わせて5段マニュアル（298万2000円）をチョイス。150psを発する2ℓツインスパークに大きな変更はないが、2ℓシリーズには新たに〝コンフォート・サスペンション〟が標準装備される。

同じ2ℓなのに、パワーに30psもの差をつけられるのはイタいが、こちらは便利な5ドアである。セレスピードが右ハンドルであるのに対して、MTは左だが、より本国仕様に近いと思えば喜ばしい。

どっちが速い？

おとなしく速い優等生

C4サルーンの2ℓモデルに使われるエンジンは143ps。2・0VTSは180psで、しかも車重はサルーンより20kg軽い。なによりあのカッとび206RCと同じエンジンと聞いて期待して乗ると、しかしちょっと肩すかしを食らう。

プレミアムであることを強調した味つけはVTSも例外ではない。エンジンはパワーよりもむしろマナーのほうが印象的だ。端的に言って、あまりガツンとこないエンジンである。よく考えれば当然で、1330kgの車重はプジョー206RCより220kgも重いのだ。しかもこの5段MTはかなりハイギアリングで、レブリミットまで回すと1速で69km/h、2速では106km/hまで伸びる。スプリンターではなく、息の長い加速を楽しませるタイプである。

そうやって高回転まで回せば速いし、速く走ってい

速く感じるのはこっち

車重1330kgで180psのC4に対して、アルファ147は1300kgを150psで引っ張る。パワー・ウェイト・レシオは少々悲観的だが、乗ってみるとけっしてそんなことはない。むしろ小気味よい速さを感じさせるのは147のほうである。それはひとえにこの2ℓツインスパークのおかげだ。

可変バルブ機構を得て、5psアップの150psを得たのは旧型145のモデル末期にさかのぼる。フィアットの生き残り作戦のなかで、老い先みじかいパワーユニットであることはたしかだが、こんどのフェイスリフトでJTSに切り替わらなかったことは大いに感謝である。もっとも、新世代のJTSユニットは最近、乗るたびに回転感覚や音がツインスパークっぽくなっているような気がするけど。

ともに400kmあまりを走った通算燃費は、147

イッキ討ち

シトロエンC4クーペ

ても、パワーユニットに荒さはまったくない。入念な遮音対策のためか、エンジン音も低い。高性能モデルを匂わせる抑えられた咆吼がかすかに聞こえるのは、5000回転を過ぎてからだ。

でも、VTSくらい、もうちょっとハジけた味つけにしてもよかったのではないか。

VS

アルファ・ロメオ147

が7・3km／ℓ、C4が9・3km／ℓだった。概して燃費のいいPSAユニットに対して、〝回すと悪くなる〟のが2ℓツインスパークの特徴らしく、ひとつの区間では7・5km／ℓ対11・1km／ℓと大差がついた。だが、エンジン単体にも魅力を求めたいホットモデルと考えれば、147のほうが上だ。素直に楽しめるエンジンである。

どっちがファン？

キレよりコク

街なかでも高速道路でも山道でも、C4はボディサイズ以上に大きく感じるクルマである。それはVTSでも変わらない。シリーズきっての高性能モデルとはいえ、このクルマの足まわりはけっしてハードに硬くはない。ゆったりした乗り心地や、フットプリントの大きさを感じさせるハンドリングは、ひとクラス上の

若返った足まわり

キツネ目の新型147・2・0は、ワインディングロードを最も楽しめる147である。フィアット・ウーノ・ベースの旧作145はもとより、フロアパネルを共用する156シリーズを含めても、ベストハンドリングカーではないかと思う。

ポイントは今回のマイナーチェンジの要諦でもある

ハイドロ・シトロエン、Ｃ５に近い。そういう意味ではシトロエンの乗り味を復活させた、実にＺＸ以来の金属バネ足といえる。

山道を飛ばすと、足まわりで印象的なのはフトコロの深さだ。うねりや凸凹のあるコーナーにも、Ｃ４は自信をもって飛び込める。その点では１４７より明らかに度量が大きい。しかしそのかわり、すばしっこいキレのよさはない。昔ながらのホットハッチ党にはウケないだろうが、でも、こういう足まわりのほうが〃新しい〃という言い方はできそうである。

だが、どんな言い方をしてもほめられないのは、ステアリングだ。ＶＴＳに限らず、Ｃ４は操舵力が無用に重すぎる。ステアリングにもう少し軽快感さえあれば、クルマ全体のもっさりした印象も軽減されたはずである。

コンフォート・サスペンションだ。ダンパーの見直しを始めとして、前後の脚をより快適方向に振った。日本仕様１４７では２ℓモデルにのみ標準装備されたこの足まわりが、デビューからまる5年を迎えるコンパクト・アルファを若返らせている。

端的に言うと、サスペンションが以前よりしなやかさを増した。自らのパンチ力で拳を痛めてしまうボクサーのように硬いＧＴＡは極端にしても、とにかく締め上げればいいんでしょというワンパターンのアルファ流セッティングがやっとあらためられた。山道での軽快感はグッと増し、軽やかなツインスパーク・パワーともツジツマが合うようになった。〃考えオチ〃のようなＣ４のファン・トゥ・ドライブよりずっとストレートである。廉価版の１・６ℓモデルにも是非導入してもらいたい。

どっちが快適？

※この対決では2台ぶんをまとめています。

コートダジュール対〃男モノ〃

シトロエンＣ４のキャラクターをなによりもよく物語っているのは、車内の居住まいである。試乗車にはアイボリーのレザーシートが奢られており、それだけでコートダジュールな雰囲気が盛り上がっていたが、それを別にしても、室内に汗くさいホットハッチのニオイはまるでない。

運転席に座ると、ドーンと奥行きのあるダッシュボードの中央に、ＵＦＯのようなデジタルのセンターメーターが載っている。強く傾斜したAピラーのせいで、ドライバーの顔からフロントガラスの付け根までは１１０cm以上も離れている。アルファ１４７は90cmだ。ボディ全長は５cmしか短くないのに、ダッシュボードの奥行きがこんなに違う。ＶＴＳはクーペを名乗るが、むしろミニバンやモノスペース的なパッケージングを感じさせる室内づくりである。

３ドアといえども、リアシートやトランクの広さは５ドアモデルにひけをとらない。ガラス面積の大きいテールゲートのおかげで、後方視界は５ドアよりすぐれる。

〃センターフィックス・ステアリング〃と呼ばれるホーンパッド部分を固定したステアリング（ハンドルの外周部だけが回る）は、操舵という面ではとくにメリットを感じなかったが、時代の要請にはかなっていると思う。ふだんはなんの用もないエアバッグや、ステアリングに出張してきたオーディオやエアコンのスイッチなどをグルグル回す必要がなくなるからだ。そうやって、せっかくステアリングホイールの慣性質量を小さくしたのに、なんでこう操舵力を重くしたのかは理解に苦しむが、こうした奇抜な仕掛けにシトロエンの元気を感じるファンは多いはずである。

一方、アルファ１４７の住環境に大きな変化はない。２・０ツインスパークにはアルファテックスと呼ばれる合繊のシート地が標準だが、試乗車にはオプションのレザーシートがついていた。

ブラックの内装はＣ４と較べるとはるかにスポーティで〝男モノ〟だ。コクピットのタイト感はだんぜんアルファに軍配があがり、座ったとたん、飛ばしゴコロをアオる。ステアリングやシフトレバーを操作するドライバーの動線も、Ｃ４のようにブカっとしていない。そのかわり、リアシートに座ると、前席背もたれが墓石のように立ちはだかって、いささか鬱陶しい。どっちが家族にフレンドリーかといえば、それはＣ４にきまっている。１４７は「わかってらい、そんなこと！」というドライバーズカーである。

勝者

シトロエンC4クーペ

「乗り心地のシトロエン」復活

もった順に言って、ＧＳ１２２０クラブと、ＡＸ14ＴＲＳと、ＺＸクラブと、２ＣＶを過去に個人所有した立場からすると、Ｃ４は熱烈歓迎な新作シトロエンである。乗り心地やボディ剛性の点で、人を馬鹿にしたようなＣ３やＣ２に較べると、正しいシトロエニズムに立ち返っている。とくに純メタル・スプリングでここまでやった足まわりがイイ。歌を忘れたカナリヤじゃないけれど、すっかり「乗り心地を忘れたシトロエン」になっていた個性派フレンチが、再びお家芸に目覚めてくれた。

一方、アルファ155V6と、145クアドリフォリオを所有した立場からすると、マイナーチェンジしたニュー147も大歓迎である。スタイリングについては、やはりフェイスリフトに成功作なしだなあと、個人的には思うが、だいぶしなやかになったコンフォート・サスペンションは待望の足まわりである。こういうセッティングがもっと早くできたなら、155V6で旅行したとき、舗装路の段差を通過した衝撃で、標準装備のATSホイールを曲げてタイヤをフラットにして、家族全員（義理の老母含む）とトランクの荷物を山の中で降ろす、なんてこともなかったはずである。

そんなふうに、それぞれのよさは認めるにしても、今回のイタフラ・ペアは、どちらも「あともう一歩」を感じさせる〝ビミョー〟同士の対決だった。

各論でも書いたが、C4はステアリングの操舵力が無用に重い。これはC4シリーズ全体の特徴のようだが、ハンドリングを楽しみたいVTSではとくに気になる。快楽主義車のフランス車がなぜこんな味つけを選んだのか。「ナメんなよ、ドイツ車」ということなのかもしれないが、最近はメルセデスやBMWも運転操作力の軽減につとめている。

ちなみに日本仕様のベストC4は、2ℓATで5ドアの2・0エクスクルーシブだと思う。最も旦那仕様だが、C4の基本的キャラクターには合っている。山道を飛ばしても、水を得た魚の感が味わえないVTSは、シリーズの本命ではない。1・6ℓのATモデルは非力に過ぎる。

かたやアルファ147も、改良の成果は大いに認めるが、ライバルを見渡したとき、それほど大きなアドバンテージや鮮度があるかといえば、これもビミョーである。

と悩んだ上で、軍配はC4にあげたい。モノの新しさと、さらなるシトロエン・ルネッサンスの期待を込めて、だ。

しかし、初期型147のセレスピードを所有する担当編集Sさんは、文句なしにニュー147の勝ちと判定した。C4のVTSはまったく理解できないといったふうだった。だが、屁理屈を言えば、人にまったく理解できないクルマと思わせるのも、シトロエンらしくていいいと思う。

新車のボクスターか、ちょっと古い911か

ポルシェ・ボクスターS

ポルシェ・ボクスターS：全長×全幅×全高＝4330×1800×1295mm／ホイールベース＝2415mm／車重＝1380kg／エンジン＝3.2ℓ水平対向6DOHC（280ps/6200rpm、32.6kgm/1700rpm）／トランスミッション＝6MT／駆動方式＝MR／乗車定員＝2名／価格＝686万円

VS

ポルシェ911カレラ（認定中古車）

2002年式ポルシェ911カレラ（996型）：全長×全幅×全高＝4430×1770×1305mm／ホイールベース＝2350mm／車重＝1420kg／エンジン＝3.6ℓ水平対向6DOHC（320ps/6800rpm、35.7kgm/4600rpm）／トランスミッション＝5AT／駆動方式＝RR／乗車定員＝4名／価格＝1123万5000円（新車時）

ポルシェ・ボクスターS

VS

中古ポルシェ911カレラ

どんなクルマ？

500万円台から買えるポルシェ

コードネーム〝987〟の第2世代に進化したボクスター。ミドシップ・マウントの水平対向6気筒は、986時代と同じくノーマルが2・7ℓ、Sが3・2ℓ。だが、パワー格差は32psから40 psへ広がる。つまりプラス20psで280ps を得た新型Sは、ますますS度を高めたといえるかも。

ユーロ高で欧州車の値上げが相次ぐなか、ボクスター・シリーズは今度のモデルチェンジで値下げを敢行。最大で約30万円安くなった。911との間隙を埋める次作ケイマンのプライシングを睨んでのことだろう。

試乗車はSの6段MT。本体価格は686万円だが、19インチホイール、本革アダプティブ・スポーツシート、PASM（アクティブ・サスペンション）など、200万円以上のオプションが盛り込まれ、総額なん

初代水冷911

対する911はポルシェ・センター目黒から拝借した996型の認定中古車である。ボクスターSの試乗車に近い価格という条件で探してもらったのは、2002年式996のカレラ・クーペ。3・6ℓフラット・シックスにティプトロニックを備え、メタリックペイント、18インチホイール、キセノン・ヘッドランプなどのオプションが付く。走行4万1000kmで、価格は798万円。新車時は1100万円あまりだった911も、3年待つとこれくらいになるわけだ。

ポルシェ認定中古車は、世界統一基準の制度で、走行20万km以下、初登録から9年以内の個体が対象となり、1年間走行距離無制限の保証がつく。ということは、空冷最後の993は高年式車でもそろそろ完全に対象外となる。そのせいか、根強かった993人気に

と892万3250円。プアマンズ・ポルシェなどと言えたものではない。

も最近は翳りが出ているとか。「中古の911」も、これからは水冷エンジンがあたりまえになる。

どっちが速い？

濃いニヒャクハチジュウバリキ

911、それもちょっと前の996を運転したあと、新型ボクスターSに乗り換えると、どんな第一印象を受けるか。結論を言えば、「うひゃ、こりゃスポーツカーだ！」。

その印象の源は、なによりもエンジンである。排気量もパワーも、後期型996にかなわないが、エンジンは絶対量じゃないよと思わせるシャープさがこちらにはある。まず、アイドリングからブリッピングしたときのレスポンスが違う。こっちはMTだから、7200回転のレブリミットまで、息の長い加速を意のままに味わえる。パワー・ウェイト・レシオでは、

遠い320馬力

メーカーが20万kmまでは認定中古車の権利を与えるというのだから、たかだか4万kmちょいの試乗車は、エンジンを始めとしてまだまだ新車並みのコンディションだった。

2002年式の911といえば、エンジンが3.4ℓから3.6ℓに拡大されたしょっぱなのモデルである。レガシィB4と同程度の車重1420kgに320psがパワフルなのは言うまでもない。けれども、MTの最新型ボクスターSと較べてしまうと、このパワーユニットも軽さとレスポンスの点でやや形勢不利をかこつ。

そんな印象を倍加させているのがティプトロニック

ポルシェ・ボクスターS

911が4・43kg／ps、ボクスターSが4・93kg／psと少なからぬ差をみせるものの、体感的にはボクスターのほうがちょっと速いと感じた。

トップ・オブ・ボクスターのエンジンといっても、数値上はたかだか280psである。日本製高性能車や高級車ではおなじみのニヒャクハチジュウバリキなのに、しかしこの〝身の詰まった〟、中身の濃い感じといったらなんだろう。とびきりスポーティにして、きわめて高級。吹き上がりは軽いが、存在感は重い。ポルシェはやっぱり「エンジンのクルマ」なのだということをあらためて痛感した。

VS

中古ポルシェ911カレラ

である。プログラムの賢さは認めるにしても、流体クラッチ付きATだとせっかくのエンジンが〝遠く〟感じられてしまう。とくに911はその傾向が強い。

フロアセレクターでの変速ができなくなった最近のティプトロニックでは、よんどころなくエンジンブレーキを使うときでも、ステアリングホイールのシフトスイッチに頼らざるを得ない。このスイッチが、指先で扱うには重いし、遠い。表面がツルツル滑るのも具合が悪い。40年間磨かれてきた珠玉の水平対向エンジンを、なんでオートマチックなんかで乗るかなあと、個人的には強く思う。

どっちがファン？

非の打ちどころなし

アンチスピン制御機構のPSMに、サーキットラン

911がリア・エンジンを守る理由

新車はいくらでもあるが、中古車は世界に1台だけ

御用達のPASM。フル装備のボクスターSはワインディングロードの星である。

ミドシップは限界を超すとコワイという定説があるが、そもそも公道でボクスターSの限界をきわめることなど、ぼくのウデではできない。だが、仮にアブナイ状況に陥っても、PSMが転ばぬ先の杖を差し出して、「オレもうまいじゃん」という気にさせてくれる。うまいのはPSMなのだが、少しもお節介な素振りを見せず、肝心なときに、しかも密やかに効くのが、ポルシェ流ESPのスゴイところだ。スポーツで体をこわすと、普通の医者はスポーツをやめなさいと言うが、どうしたらスポーツを続けられるかを考えてくれるのがスポーツドクターだ。PSMは後者である。

アクティブ・サスペンションのPASMは、最新の911（997型）用と違って、スポーツ側にしてもそれほど極端に硬くならない。そもそもボクスターの脚は、911のそれよりも作動感がはっきりわかってインフォーマティブである。刺激的なエンジンと、刺激的だが、綱渡りのロープが太いシャシー。峠道でのボクスターは非の打ちどころがない。


だ。トラの子の認定中古車を一か八かで振り回す勇気はない。今回、ワインディングロードで911がボクスターSに追い立てられたのは、そのせいも大きい。

でも、ボクスターSのニュートラルなハンドリングに較べてしまうと、ぼくの場合、911はやはり最後のところで心が許せないというか、リラックスできない。試乗車にはPSM（ポルシェ・スタビリティ・マネジメント）も付いていなかったし。

ボクスターSの前後重量配分は45対55。それに対して911は37対63。いまさら言うまでもない後輪荷重の大きさが、駆動輪にイヤってほどトラクションがかかる911の魅力である。

しかしそのおかげで、おっかなびっくりのコーナリングペースでは、ひたすら船外機付きボートのようなアンダーステアを感じるだけである。しかもこのとき、ステアリングから伝わる前輪の接地感はボクスターより希薄だ。

ポルシェが911でリア・エンジンを採用している第一の理由は、「ずっとそうだから」だろう。もちろんそれでいいのだけど。

ポルシェ・ボクスターS

VS

中古ポルシェ911カレラ

どっちが快適？

しまいにゃ開けるゾ

ボクスターと911、どちらが楽しいか。それはもうボクスターにきまっている。なぜなら、こっちはオープンカーだから。

ボクスターをオープンにしてうれしいのは、〝音〟である。上を開けると、後方から届くエンジン音が俄然、快音に変わる。スポーティなのに、音色はまろやか。BMWのビッグバイクが常にピタリと後ろにつけているようなイイ音である。

ソフトトップは全自動ではなく、武骨なロックレバーを手動でリリースする必要がある。五十肩にはちょっとツライが、それからはボタンひとつ、実測13・83秒で後方に収納された。試乗車にはスポーツクロノパッケージ（ストップウォッチ）が付いていたので、コンマ2桁まで測れてしまうのだ。

ゴルフ場スコア高し

空冷最後の993から996になって、いちばんつまらなくなったのは内装だと思う。ボディサイズが大きくなったのだから、「ポルシェを着る」と言われたタイト感が失われたのは仕方ない。でも、こんどの997の内装がスポーティさをより意識したものに変わったことを考えると、996は何をテーマにしたのかがよくわからない。たとえば、同じクーペでも、アルファGTの内装なんか、色っぽくて、エッチっぽくて、そうとうイイ。その点、996は「スポーティさ」にしても「豪華」にしても、中途半端である。

とはいえ、ボクスターSの内装だって似たり寄ったりだ。そのへんの不器用さもポルシェの味だろうか。911の運転席に座って、こっちのサイドウィンドウから向こうのサイドウィンドウまでの距離を測ったら、でも、ふだん頭に思い描いたとき、不思議とボクスターにはオープンカーのイメージが薄い。たぶんそれはボディ剛性の印象によるものだと思う。ボディが非常にしっかりしているので、オープンカーの実感が薄いのである。オープン2シーターというカタチのクローズドボディに思える。

１４４㎝の寸法はボクスターとまったく同じだった。ゴルフ好きの担当編集Sさんによると、ゴルフへ行くなら、９１１だという。ボクスターは頑張っても助手席にしかゴルフバッグが積めないが、９１１は助手席にもうひとり乗せて、リアシートに2セット放り込めるという。９１１はゴルフ場の星らしい。

勝者

新車のボクスター

９１１がMTだったらもっと迷っただろうが……

「５６９万円より」のボクスターに対して、９１１は１０４６万円からスタートするクルマである。だが、「高いほうを中古で探す」という方法なら、ボクスターと９１１は両天秤にかけられる。実際そうやって「ポルシェのなかで泳ぐお客様」も少なくないとは、ポルシェセンター目黒のスタッフに聞いた話である。

いや、こんな人もいたという。おもしろそうだからと、ボクスターのマニュアルを買ったけど、やっぱりギア付きは面倒くさいから、ボクスターSのティプトロニックに替えた。でも、すぐに物足りなくなって、

９１１のティプトロニックに買い替えた。これを3カ月のあいだにやった人。もちろんぜんぶ新車である。ポルシェの販売台数、右肩上がり続行中、なわけだ。

今回は、新車のボクスターと、少し前の９１１に悩むケーススタディをやってみた。最新型3・2ℓのマニュアルのボクスターSと、２００２年式のティプトロニックのカレラ、つまり3・6ℓの９９６だ。

ポルシェの命が「速さ」だとすると、さまざまな場面で乗り較べて、より速いと感じたのはボクスターSのほうだった。９１１がATだったのはハンデだが、しかし、いまや日本で売れる９１１の9割以上はティプトロニックなのである。９１１は２００5年モデルから最大3・8ℓの９９７に進化したから、今回のクルマはひと世代前のモデルだが、でもこれくらいギャップがあると、弟分のボクスターSの新車で９１１に〝勝てる〟ということである。

そういう勝ち負けはべつにしても、この対決、ぼくは新車のボクスターSに軍配をあげる。大きな理由は、９１１がティプトロニックだったからだ。ポルシェの水平対向エンジンをATでなんか乗りたくない。最新の９９７でもそう思う。グワっと回して変速するときのあの高揚感が、ポルシェ・フラット6は格別で別格なのに、それを機械に奪われてしまうのである。各論で書いたとおり、ステアリング・スイッチの使い勝手にも不満がある。

取材に参加した3人のうち、ぼくを含めてふたりがボクスターS派だった。ひとり９１１を選んだのは、メルセデスEクラス・AMG55を物色中のMカメラマンで、理由を聞けば、「だって、９１１ですから」。グウの音も出ない答である。ケイマンが出てもなお、９１１は「とっておきのポルシェ」として、これからもますますリスペクトされていくのだろう。

一方、ボクスターは最良の「実用ポルシェ」である。このクルマは、ガンガン乗り倒すのがいいし、乗り倒したくなる。高いモデルを選ぶ必要はない。Sのつかない、いちばん安い2・7ℓ5段マニュアルで十分だ。それにPSMだけ付ける。いま最も賢い買い物として、まじめなクルマ好きにお薦めしたい。

イッキ討ち クラシック

1988.06

いすゞジェミニZZ

vs

ホンダCR-X·Si

1989.01

オースチン·ミニ

vs

アウトビアンキY10

1990.12

ポルシェ911タルガ·カレラ2

vs

アルピーヌV6ターボ

1990.04

トヨタMR2

vs

ユーノス·ロードスター

1990.03

日産スカイライン GT-R

vs

日産スカイライン GTS-t

クラシックの読み方

イッキ討ち〝クラシック〟は1988年から1990年に『NAVI』誌に掲載したものを基本に、加筆・修正を加えています。しかし言い回しや比喩などは、当時の空気感を大切にするべく、あまり手を加えていません。なので古い表現が出てきても、それは味としてお楽しみください。スペックや価格は当時のものです。

ゲルマンの伝統か、フランスのエスプリか、リア・エンジンのスポーツカーを較べる

ポルシェ911

ポルシェ911タルガ・カレラ2：全長×全幅×全高＝4250×1652×1320mm／ホイールベース＝2272mm／車重＝1350kg／エンジン＝3.6ℓ空冷水平対向6気筒SOHC（250ps/6100rpm、31.6kgm/1800rpm）／トランスミッション＝4AT／駆動方式＝RR／乗車定員＝4名／価格＝1103万3000円

VS

アルピーヌV6ターボ

アルピーヌV6ターボ：全長×全幅×全高＝4330×1750×1190mm／ホイールベース＝2330mm／車重＝1240kg／エンジン＝2.5ℓ V6SOHCターボ付（185ps/5500rpm、29.8kgm/3200rpm）／トランスミッション＝5MT／駆動方式＝RR／乗車定員＝4名／価格＝735万円

ポルシェ911 VS アルピーヌV6ターボ

どんなクルマか？

ポルシェ911カレラ2タルガ
ステップアップした911

齢26歳に及んで、大がかりな刷新を施された911のタルガトップ仕様。90年モデルからお目見えしたカレラ2は、ひとあし先にデビューした4WDのカレラ4がベース。コンポーネントの8割が新設計といわれるカレラ4の説明に従うと、カレラ2もまた新規巻き直しの911である。

エンジンは、旧型カレラ用を排気量で440cc、パワーで25ps上回る250psの3・6ℓ空冷水平対向6気筒SOHC。右ハンドルの試乗車は、これに新開発の4段AT〝ティプトロニック〟を組み合わせる。

そのほか、伝統のトーションバーから、コイルスプリングに切り替わった前後サスペンションや、パワーステアリング、ABSなどの装備は、カレラ4に準ずる新たなステップアップである。

エアコン、パワーウィンドウ、集中ドアロックなどは標準装備。タルガ＋ティプトロニックの組み合わせは、カレラ2としては2番目に高い1103万3000円。

アルピーヌV6ターボ
FRPボディが自慢

デビューは1985年。日本でも、シブイ人気を持つフランス屈指のスポーツカー。リア・エンジンというレイアウトで911に対抗できるスポーツカーは、泣いても笑っても、このクルマしかない。

CD＝0・28を謳う2＋2ボディはFRP製。サスペンションは前後ともダブル・ウィッシュボーン。スチールのバックボーン・フレーム後端にマウントされるエンジンは、お馴染みPRV（プジョー／ルノー／ボルボ共同開発）の2・5ℓV型6気筒SOHC。アルピーヌの場合、これをターボでチューンし、185psを得ている。日本の高性能車と較べると、数値的にはだいぶ見劣りがするが、PRVユニットとしては、これがもっともパワフルなエンジンである。
価格は911よりだいぶお手頃で、エアコン、パワーウインドウ、集中ドアロックなどを標準装備して735万円。

どちらが速いか？

ATでも911が圧倒

さすが3・6ℓ自然吸気の大排気量だけあって、ボーッと走っていても速いのは911である。ためしに、歩くような微速から横一線のヨーイドンをやってみると、911のほうが圧倒的に速い。ところがアルピーヌも、高回転から一気にクラッチを繋いでやれば、Dレンジでフル加速する911を脅かすくらい速い。要するに、ターボエンジンとマニュアルシフトのウマ味をうまく引き出してやれば、60ps以上のハンデを感じさせないほどアルピーヌも速いクルマである。

アルピーヌのエンジンの性格は、古典的なターボ・ユニットのそれだ。低速トルクがとくに不足して困るようなことはないが、やはり美味しいのは4000回転から上のフルブースト域で、最近の躾のよい国産ターボでは味わえない二段ロケット的加速が味わえる。ただし、もとは乗用車用のユニットだから、エンジンそのものに、とりたてておもしろみはない。レブリミットの6400回転まで、滑らかで静かな反面、スポーツ・ユニットを納得させるようなエンジン音やビート感は存在しない。そのあたりは、少々、残念なところだ。

一方、ティプトロニックの911は、アルピーヌよりもはるかにイージーに速い。シフトレバーをDに入れておけば、扱いも反応も、通常のATとまったく同じ。右足の動きひとつで、30kgmを超す強大なトルクを、猪突猛進の加速に変えることができる。

空冷フラット・シックスは、3・2ℓ時代から較べると、だいぶ洗練された印象を受ける。静かになったし、バイブレーションも小さくなった。といっても、アルピーヌのV6ターボよりは、はるかに存在感は強いが、911の代名詞でもあったシャーンという金属音が、室内ではほとんど聴き取れなくなったのを寂しがる人も多いだろう。とくに、低速からキックダウンで立ち上がる時のスムーズなピックアップと、野太い排気音は、いまやむしろ928に近い。

どちらが楽しいか？

レーシング・カートと乗用車

箱根のような山道を走らせて、より楽しいのはアルピーヌのほうだ。アルピーヌは、911よりも、ひとことでいうとレーシングカー的である。というか、フォーミュラカー的といったほうがいいかもしれない。地ベタに座り込むような低い着座位置もさることながら、ノンパワーのステアリングがもたらすダイレクトでクイックな操舵感や、ガツーンと踏めばガツーンと効くブレーキなど、このクルマにはレーシング・カート的なシャープさとおもしろさがある。

そんなアルピーヌに較べると、今回の911には、正直いって妙に乗用車的な鈍さを感じることが多かった。

まず気になったのはブレーキで、テスト車には明らかに、踏んでから利くまでの間に一瞬のタイムラグがあった。利きそのものも、旧型カレラのほうが強力だったような気がする。これが右ハンドル化のための悪癖なのか、はたまた、ABSを組み込んだことによる影響なのかはわからない。以前乗ったカレラ4では、なんの違和感も覚えなかったから、原因は前者かもしれない。いずれにしても、常に感服する911のブレーキに不満を覚えたのはこれが初めてである。


標準装備のパワーステアリングも、アルピーヌから乗り換えると、かなりスローに感じられた。パワーアシストは、ほとんどそれと気づかぬほど軽微なのだから、なんでノンパワーではいけなかったのかと思う。

操縦性の限界は、もちろん両者ともきわめて高いところにある。どちらもアクセルを踏んでいる限り（ぼくのスピードでは）アンダーステアを保つが、旋回中のスロットル・オフによるテールの振り出しは、911のほうが大きいし、急激だ。基本的によりスリリングなのは、やはり911で、一般のドライバーは、アルピーヌのほうがずっと安心して、限界を攻めるような〝雰囲気〟を味わうことができるはずだ。

どちらが居心地がいいか？

レーシーなアルピーヌ

カレラ2になっても、以前と少しも変わらないのは、911の居心地のよさである。室内の幅は、左右のドア間で130cmたらず。これは、いまの軽自動車の室内幅とそれほど変わらないが、911はこの狭さがなんともイイ。クールでシンプルなダッシュボードや、ウィンドウごしに見える大砲のようなフェンダーの盛り上がりなどは、もちろん相変わらずの風景。それらすべてが醸す独特のたたずまいは、911の大きな魅力である。

ただし、このタルガ・ボディは、個人的にはどうも好きになれない。ボディの剛性感は、やはりクーペ並みとはいえないし、オープンの解放感を求めるなら、カブリオレに勝るものはなかろう。

それはともかく、ひとつ気になったのは、ティプトロニックと右ハンドルとの相性だ。右ハンドル仕様には、ドライバーの足元に20cm近くものホイールハウスの出っ張りがあり、必然的に2つのペダルはかなり大きく左側にオフセットしている。ぼくは両足派なので不都合はなかったが、右足だけでペダル操作をする人には、ブレーキング時にそうとう無理な足遣いを強いられるはずだ。

一方、アルピーヌの居住まいには、911とはまた違う、レーシーな魅力がある。床からほぼ垂直に生えるクラッチとブレーキ、腕も脚も水平に伸ばした着座姿勢など、スポーツカーというよりも、屋根つきのフォーミュラカーのような雰囲気が強い。当然、911よりも乗り手を限定するはずだが、これがいいという人にはたまらないだろう。

アルピーヌのインテリアの欠点は、ダッシュボードのデザインや質感が、いささか幼稚でチャッチィこと。もう少し大人びた、高級感のあるものにできなかったものかと思う。

乗り心地は911がビシッと硬く、アルピーヌはグイッと硬い。どちらも硬いには違いないが、決して悪い乗り心地ではない。ヘンに柔らかい足まわりよりも、よほど快適だ。

勝者

アルピーヌV6ターボ
リア・エンジンでも、溜飲が下がります

各論では触れなかったが、ポルシェ911のティプトロニックについて感じたことをまず書いておきたい。

ZF製の4段ATをベースにしたこの自動変速機は、911党ならすでに御存知のとおり、オートマチックとマニュアルとのふたなり的な性格を持つという意味で、画期的な機構である。

シフトゲートは大雑把にいうと、H型をしている。その左側のIの部分は、通常の4段ATのポジションだが、右側のIのほうでギアレバーを作動させると、マニュアル・ギアボックス的な使い方ができる。

マニュアル・モードとオートマチック・モードの最大の違いは、前者ではキックダウンが効かないこと。さらに、アクセル・ベタ踏みのフル加速時、2速から3速への自動的なシフトアップ・ポイントが、前者の場合は4000回転ほど高くなることなどだ。

たしかに、このATの採用は、やがて27歳を迎える911に新たな魅力を与えている。とくに、メイン・マーケットのアメリカで、ユーザーの間口を広げる意義は、計り知れないほど大きいはずだ。

というようなことを認めた上でいうのだが、個人的には、やはり911は5段マニュアルで乗りたいクルマだと思う。

実際、今回、箱根の山道でどうしてもこのクルマが好きになれなかったのは、ティプトロニックによるところが大きかった。そういった場面では、ぜひともマニュアル・モードで走ってみたくなるわけだが、その

場合、ひとつの大きな不満は、1速がホールドできないことである。

マニュアル・モードの1速は、回転数にして6200回転、速度にして約70km/hで自動的に2速へシフトアップしてしまう。ぼく程度のウデだと、ちょうどそのあたりの速度で回りたいコーナーが箱根には多い。なのに、ティプトロニックは非情にもコーナーの直前で2速にアップしてしまうのだ。

もちろん、ギアレバーをコクンと手前へ引けば、1速へ落とすことも可能だ。しかし、それには、車速が60km/h弱まで落ちていなければならない。ぼく程度のウデとはいえ、そこまでコーナリングスピードは遅くない。結果として、ギア比のジレンマとパンチ不足とを感じながら、2速のままコーナーを脱出する、というような局面が箱根では多い。だから、今回の911では、溜飲が下がるようなスポーツカー的体験をついぞ味わうことができなかった。

その点、アルピーヌは、はるかに気さくで、わかりやすい性格のスポーツカーだ。強烈なターボ・バンを除けば、PRVベースのエンジンそのものにさしたるおもしろみはないものの、同じリアエンジン・レイアウトのもたらす操縦性は、911ほど敷居が高くない。

そのほか、ステアリングやブレーキの感触があちらよりも好ましかったのは、各論でも書いたとおり。そんやこれやで、911よりもはるかに速く、しかも楽しく走ることができた。これで、価格は911の7掛け足らずなのだから、このクルマはそうとうお買い得ではないかと思う。

ただし、仮にこの2台を一度に所有することができたとしたら、なんとなく先に飽きるのは、アルピーヌのほうではないかというような予感もする。おまけに、すでに夏の盛りを過ぎていたとはいえ、渋滞気味の道に入ると、すぐにオーバーヒートの兆候を見せたし、箱根で点灯したブレーキ系統の警告ランプは、ディーラーに返却するまでつきっぱなしだった。

といったような、いかにもラテン車的な心配ごともあるにはあった。けれど、今回はなにより溜飲下がりの一手でアルピーヌの勝ちである。

屋根無しか、ボンネットにエンジン無しか、国産個性派スポーツカーを比べる

トヨタ MR2

トヨタ MR2：全長×全幅×全高＝4170×1695×1240mm／ホイールベース＝2400mm／車重＝1250kg／エンジン＝2ℓ直4DOHCターボ付（225ps/6000rpm、31.0kgm/3200rpm）／トランスミッション＝5MT／駆動方式＝MR／乗車定員＝2名／価格＝263万8000円

VS

ユーノス・ロードスター

ユーノス・ロードスター：全長×全幅×全高＝3970×1675×1235mm／ホイールベース＝2265mm／車重＝940kg／エンジン＝1.6ℓ直4DOHC（120ps/6500rpm、14.0kgm/5500rpm）／トランスミッション＝5MT／駆動方式＝FR／乗車定員＝2名／価格＝206万3000円

トヨタMR2 VS ユーノス・ロードスター

どんなクルマか？

トヨタMR2・GT
ミニ・フェラーリ風

「ミドシップ・ラナバウト」の旧型から、ついに「2シータースポーツ」と銘打つに至った2代目MR2の最上級モデル。

幅で3cm、長さで22cmも大型化された新型ボディは、これまでの直線基調からとつぜん宗旨替えしたミニ・フェラーリ風スタイルが特徴。後車軸前方に横置きされるエンジンは、今回、大幅に拡大増強された24バルブDOHCターボ。ノンターボの60ps増しに当たる225psは、いまのところ国産2ℓ級パワー競争の先頭を走る。

一方、前後ともストラットの足まわりは、新型スポーティカーとしては珍しくシンプルで、TEMSやトー・コントロールなどの凝った機構は備えない。

価格は263万8000円と、いまや300万円級だが、そのかわり装備は高級車並み。パワーステアリング／ウィンドウ、ABS、アルミホイール、オートエアコン、スーパーライブ・サウンドシステムなどがすべて標準で付く。

ユーノス・ロードスター
開けてビックリの大ヒット作

1989年国内自動車界の話題賞に輝いた（?）マツダのオープン2シーター。声高に謳う種類のハイテクは一切なし。ウーパールーパー風オープンボディを、4輪ダブル・ウィッシュボーンの足まわりが支え、ファミリア用改の120ps1・6ℓ4バルブDOHCが後輪を駆動する。

ほとんどダメモトでスタートしたと言われるプロジェクトは、フタを開けてみると驚天動地の大成功。

当初、月1000台に設定した販売目標を大幅に上回り、89年9月から12月末までの４カ月間で９３０４台の登録を記録。いまなお納車約半年待ちの人気だという。ひと足先、89年7月からスタートした主力市場、アメリカでの販売も好調で、12月末までにすでに約2万３０００台が売れたという。

ベース価格は１７０万円だが、エアコン、パワーステアリング／ウィンドウ、アルミホイール、ＣＤプレーヤーなどのオプションを備えたテスト車は２０６万３０００円。

どちらが速いか？

速い、速い、速い、でも速いだけのＭＲ２

３００kgを超す重量のハンデがあるとはいえ、パワーのアドバンテージは実に１００ps以上。当然のことながら、馬力荷重で圧倒的な優位に立つＭＲ２のほうが格段に速い。

実際、このＭＲ２は、排気量を問わず、すべての国産車の中で最速の部類に入るクルマである。だから、とにかくなにがなんでも速いやつが欲しいという加速中毒者にとって、このクルマはたまらない魅力を持つはずだ。

それは認める。けれど、ただ速きゃいいってもんじゃないという大人の立場から見ると、不満も少なくない。たとえば、せっかく頭の後ろにあるエンジンなら、少しはそれらしいイイ音や鼓動を発してほしいし、同じ速さでも、もう少しもったいぶった速さの演出をすべきだと思う。このクルマの速さは、ただボディの軽さだけで走っているような、やけにカルーイ速さで、なんというか、ありがたみが薄い。要するに、２２５psを出しますヨという以外、エンジンにスポーツ・ユニット的な魅力が希薄なのである。

それに対して、ユーノスの１２０psは、常に一所懸念感覚が味わえて、非常に好感が持てる。

MR2と同じく7200回転がレブリミットのこのツインカムは、4000回転あたりまでウォンウォンと軽く吹け上る一方、それ以上では、やや苦しくなる。しかし、それもまた、エンジンを回しているという達成感を感じさせてワルくない。少なくとも、回転のドラマなど味わうヒマもあらばこそ、ブヒューンと一気呵成に回ってしまうMR2よりはずっと血が通っている。とりたて高性能ではないが、好性能ではある。

ルーチェ用のそれに手を加えたギアボックスは、手首を傾けるだけでこと足りる短いストロークが売り物だが、シフト自体はけっこう重く、それほど軽快な操作感は味わえない。一方、MR2のギアシフトはもっと問題で、パッコンパッコンとやたら軽く、しかもミスシフトしやすいこれは、いったいなんなのかと思う。スポーツカーはディテールこそが命なのに。

どちらが楽しいか?

だれでも楽しめるユーノス

操縦性はどちらもそれぞれにおもしろい。でも、山道を走ったあと、素直に「楽しかったァ」と言えるのはユーノスのほうだ。MR2は少々スリルがあり過ぎる。正確に言うと、オモシロコワイのである。

MR2は山道でも速いクルマだ。パワーオンで旋回する限り、限界はかなり高く、格段に強烈な脱出加速を加算していくと、ここでもユーノスを寄せつけないほど速い。

けれど、このクルマで気をつけねばならないのは、旋回中の不用意なパワーオフだ。コーナリング中、アクセルを戻すと、ノーズが予想外に大きく内側に切れ込んで、絵に描いたようなタックインをみせる。それを利用すれば、ほとんど右足だけでコーナーを回れるから、適当に飛ばす限り、なかなかおもしろい。

だが、さらに速度を上げると、今度はタックインが収拾のつかないほど激しくなる。とくに、肩から突っ込むような逆バンク気味のコーナーでは要注意で、このMR2は現行国産車の中でも、かなりスピンしやすいクルマだろう。ユーザー層を考えると、もう少し円満な味つけにすべきだと思う。素早いカウンターを当てるためには、ステアリングはややスローに過ぎるし、前輪の踏んばりを教えてくれるダイレクト感ももっとほしい。

そんなミドシップ・スポーツカーに較べると、ユーノスはいっさいヒヤ汗知らず。操縦感覚もクルマの動きもはるかに軽快で、たしかにこれは現代のライトウエイト・スポーツなのだ、と思う。

前述した通り、旋回速度そのものはMR2に及ばないが、そのかわり、低いスピード、つまり安全な速度でFRの楽しさがひと通り味わえる。コーナリングは決して退屈なオン・ザ・レールではなく、パワーオンでもオフでもテールはわずかに流れるが、安全性のマージンは非常に高く、とっ散らかるようなことはまずない。すなわち、運転のヘタな人の鍛練にもなれば、運転のうまい人が遊ぶのにもいい、そんな両刀遣いの足まわりだ。

グニャっとした踏み応えのMR2に対して、コツンコツンという小気味よい足応えを持つブレーキもいい。

どちらが居心地がいいか？

オープンカーは七難隠す

新型MR2で改善著しいのは、なんといってもそのインテリアだろう。旧型の内装、とくにダッシュボードのデザインは、まるでB級建て売り建築のように見ばが悪かった。それが、今回やっと改良を受け、スープラ的な意匠に変更されたほか、同時に、本革やエクセーヌを使用するなど、インテリア全体に高級化が図られている。実際、車室中央を走る大きなセンタートンネルが唯一〝らしい〟のを除けば、MR2の室内にスパルタンな雰囲気はいっさいない。なさすぎて、ちょっと寂しいくらいである。

一方、ユーノスのインテリアは、そんな高級感とは無縁。もっぱら無印良品的なシンプルさで迫る。性格の違いを考えれば当然とはいえ、運転席に座った時のスポーツカー的なタイト感も、やはりこちらのほうが強い。

トランクはMR2のほうが大きいが、シート後方のカーゴルームは幌を上げたユーノスのほうがたっぷりしている。同じ理由で、シート背後に隔壁が迫るMR2のような圧迫感もない。外にキャリアを付ければ、2人でスキーに行くくらいのことはできるかもしれない。

乗り心地は好きずきである。もちろん乗用車的に重厚なのはMR2だが、しかしこちらは速度を問わず、けっこう上下にグイッグイッと揺すられる。

それに対して、ユーノスの乗り心地はいわば一枚板感覚。底の薄い靴で走るような軽快感があるかわり、細かい凹凸をカツカツと正直に拾う。でも、個人的には、腰や首にくるグイッグイッよりも、適度な刺激のカツカツのほうがいい。

では、居心地がよいのはどちらか。「スポーツカーとして」という但し書きをつけるなら、やはりユーノスに軍配を上げたい。理由はバカみたいに簡単で、なにしろこっちは屋根がないからである。とくに、こんな寒い季節に、屋根付きグルマと較べて乗ると、流れてくる鼻水を正当化できるのは、「スポーツカーなんだ」という思い込みだけである。

勝者

日本車の拡大主義を笑え

ユーノス・ロードスター

1984年に登場した初代MR2は、いいクルマだった。1・6ℓの4バルブDOHCはカローラ・レビンと共通だったが、それをミドシップとした効果はさすがに大きく、操縦性は軽快感に溢れ、ふだんのキビキビした運転感覚も実に新鮮だった。自動車雑誌に「回頭性」なんていう言葉を登場させたのは、初代MR2の功績である。

不思議なことに、当時、トヨタはけっしてスポーツカーという言葉を使わなかったが、ハンドルがやけに重くなって失望させられたマイナーチェンジ前までのオリジナルMR2こそ、まさにライトウェイト・スポーツだったたと思う。

そして、あれから5年、空前の新車ブームの中に登場した今度の2代目は、たしかにカッコよくなった、大きくなった、パワフルになった。けれど、ユーノス・ロードスターと乗り較べながら味わってみると、どうも煮え切らない印象が強かった。

なるほど、空恐ろしいばかりの速さは得たものの、心に残ったことと言えば、それ以外にあまりない。国産2ℓ最強のエンジン、ミドシップという希有のレイアウト、ヒトも羨むそんな素材を使いながら、誰に食べさせる、どんな料理にしたかったのか、それがよくわからなかったのだ。

限界付近でかなり神経質な操縦性は、もし本当に、このクルマが一部のエンスージアストのために造られたものであるとすれば、それはそれでいいと思う。しかし、だとすると、サツマイモのようにデッカいシフトノブや、慣性質量の大きすぎるステアリングホイールや、演出ゼロのエンジン音は、まったく筋が通っていない。エンスージアストに訴えるスポーツカーを造るなら、ナベゾ画伯言うところの「エンスーの心」というものを、もう少し理解してほしいと思う。

とにかく旧型より大きく、パワフルにするという拡大主義、付加価値を上げるための高級化、そして、カタチはちょっとフェラーリっぽくネ、と、そんなふうにいろいろとやっているうちに、ミドシップ・スポーツカーとして一本筋を通すべきものを見失ってしまったような気がする。それがとても残念だ。

一方、ユーノス・ロードスターは、そんなMR2に対するアンチテーゼである。

御殿場の行きつけのガソリンスタンドで働く青年で、静岡県下納車第1号のオーナーがいる。イメージカラーの赤ではなく、青を選び、純正オプションではなく、市販のアルミホイールを付け、フロントのバッヂがダサいと言って外し、ひとり悦に入っている。門外漢から見ると、どうでもいいようなことなのだが、でも、まさにそれが、秘密の花園で呼吸するエンスーの心意気というものである。つまり、マツダきってのエンスー技術者たちが造ったユーノスは、90年代のエンスーに、90年代的エンスーの場を提供しているのだ。こういうことを存在価値というのだろう。

さらに、もうひとつの存在価値は、ユーノスが、拡大主義が当たり前の国産車にあって、唯一、後ろを振り返って見せたということである。

屋根がなくて寒くてもいいじゃんか、120psだっていいじゃんか。力まかせの全自動ハイソカーが唯一自分のクルマだと信じていた若者に、たとえいっときでもそう思わせた功績は小さくないと思う。そして、そんなユーノスの大ヒットは、いいかげん、国産車の拡大主義に飽きてしまった人が増えている証拠でもあるはずだ。

今回のイッキ討ちは、存在価値でMR2を圧したユーノス・ロードスターの勝ちである。

200万円違いのスカスカ対決

日産スカイライン GT-R

日産スカイライン GT-R：全長×全幅×全高＝4545×1755×1340mm／ホイールベース＝2615mm／車重＝1430kg／エンジン＝2.6ℓ直6DOHCターボ付（280ps/6800rpm、36.0kgm/4400rpm）／トランスミッション＝5MT／駆動方式＝4WD／乗車定員＝4名／価格＝445万円

VS

日産スカイライン GTS-t

日産スカイライン GTS-t：全長×全幅×全高＝4580×1695×1340mm／ホイールベース＝2615mm／車重＝1310kg／エンジン＝2ℓ直6DOHC（215ps/6400rpm、27.0kgm/3200rpm）／トランスミッション＝4AT／駆動方式＝FR／乗車定員＝5名／価格＝243万7000円

日産スカイラインGT-R VS 日産スカイラインGTS-t

どんなクルマか？

日産スカイラインGT-R
蘇った最強モデル

1973年の第一次オイルショック以来、16年振りに蘇ったスカイラインの超高性能モデル。レーシング・エンジン並みのメカニズムと、国産最強の280psとを誇る2・6ℓ4バルブDOHCツインターボの動力系。必要なとき、必要なだけ前輪にもトラクションを送る電子制御トルク・スプリット4WDの駆動系などなど、現行日産車の〝走るポートフォリオ〟的役割も担う史上最強のスカイライン。

〝門型〟リアスポイラーを持つ2ドア・ワイドボディ、大容量化の施されたブレーキやクラッチ、バケットタイプのフロントシートなど、究極の走りを追求するための専用装備にぬかりはないが、その一方、飽食の時代の新生GT・Rは快適装備も万全。オートエアコン、パワーステアリング／ウィンドウ、集中ドアロック、4スピーカーステレオ等のアクセサリーが標準で、価格は445万円。

日産スカイラインGTS-t（4段AT）
フツーのスカイライン最強モデル

後輪駆動2WDスカイラインのトップモデル。というか、フツーのファミリーマンが選択する肝吸い付き「松」仕様のスカイライン。

GT・Rより大人2人分軽い4ドアボディに搭載されるエンジンは、こちらも十分以上に強力な215psの24バルブDOHCターボ。4輪マルチリンクのサスペンションや、電子制御による位相反転型4WS（スーパーHICAS）の基本はGT・Rと同じだ。

そのほか、GT・Rのウルトラ・スペックの前では影が薄いが、4ポット・キャリパーのフロントブレーキャ、16インチホイールの採用など、機能面での充実ぶりはもはやただのファミリーセダンではない。

エアコンはオプション設定だが、それを除けば、こちらも快適装備は豊富。定員はGT－Rより1名多い5人乗り。4段ATの試乗車は、GT－Rより約200万円安い243万7000円。

どちらが速いか？

世界に誇れる2・6ℓツインターボ

どちらもそれぞれのクルマの性格にふさわしい優れたエンジンである。

まずGT－RのRB26DETT型、このDOHCツインターボは、単にパワーやトルク感だけにとどまらず、官能性だとかドラマ性だとかいう、こうるさい評価基準を持ち出してきても、世界に十分誇れるエンジンだ。

パワフルなことは言うまでもなく、4000回転からの劇的なトルク感は、レブリミットの8000回転まで持続して、下3段のギアの最高速はメーター上、1速で70、2速で120弱、3速では170km／hを超え、とにかくその気になれば、すべてのクルマを数瞬にしてバックミラーの点にすることができる。

しかも、これほどの怪力にもかかわらず、野蛮なところはいっさいなく、理性の勝ったドライバーのもとでは、徹底してファミリーカーの心臓を演じきることもできる。ターボ・エンジンでも刹那的ではない。マッチョだが大味ではない。この6気筒は、もうこれだけで諸経費込み500万円余りの出費を正当化してしまえるほど魅力的だ。

一方、GTS－t用のRB20DET型も、現実的なスポーツセダンのエンジンとしてはほとんど文句のつけようがない。GT-Rと較べてしまうと、さすがに〝小さいエンジン〟という感じはするが、逆に、鋭利な刃物の切れ味でヒュンヒュン回る小気味よさがこちらの持ち味だ。

6500回転を超すと、やや苦しげな微振動が感じられるものの、トルクの山は3000回転を超した付近にあるから、ふだんはタコメーターの針をそのへんで右往左往させるだけで十分以上に速い。しかも、ATならではのキックダウンを使って速攻を仕掛ければ、GT-Rをからかうことも可能で、実際、100km/hからの追い越し加速は、ボーッとしたGT-Rドライバーより速いかもしれない。右足ひとつで2レンジにキックダウンしたGTS-tをやっつけようと思ったら、GT-Rは3速までシフトダウンする必要がある。

どちらが楽しいか？

二駆と四駆のキャッチボール

両者の価格差を如実に感じるのは、パワーを目いっぱい使って山道を走らせたときである。GTS-tの足まわりも、並みのセダンとは一線を画すきわめて優れたものだが、さすがにGT-Rと較べてしまうと分が悪い。

GT-Rのサスペンションは、ひとことで言うと、ドンとこい、「なにやってもいいよ」の足まわりである。ステアリングやブレーキの剛性感からして、このクルマは日本車離れした安心感をドライバーに与えるが、コーナリング時の挙動そのものもまた安心の塊である。

基本は後輪駆動だから、たとえば、きついコーナーで280psにムチを入れると、パワースライドは容易に起こる。けれど、このクルマほど、タイヤがグリップを失っても、安心感を失わないクルマはない。綱渡りのロープが桁外れに太いのである。

旋回中、計器盤のフロント・トルクメーターを観察していると、前輪へのトルク伝達が、転ばぬ先の杖の役割を忠実に果たしていることがわかるが、かといって、けっしてそれはでしゃばった仕事をしない。4WDが突っ張ったような挙動を与えることもなければ、ファン・トゥ・ドライブを邪魔することもない。二駆と四駆とが絶妙のキャッチボールをしながら、クルマを280psの推進力で豪快に泳がすのである。

そんな骨太のGT-Rと較べると、GTS-tの操縦性はより軽快で、なおかつ優等生的だ。足まわりはただのFRとは思えないほど安定しており、急旋回中も、後輪は粘りつくように路面を捉える。GT-Rよりもオン・ザ・レール感覚は強い。実際、とっかえひっかえ乗り較べると、むしろこちらのほうが4WDなのではないかと錯覚するほどだった。

だが、どちらが楽しいかといえば、やはりそれはGT-Rのほうである。山道を行くGT-Rは、GTS-tより2割ほど速いペースを保ちながら、なおかつその速度で、余裕をもってドライビングを楽しめるのである。

どちらが居心地がいいか？

911に似た乗り心地

センターコンソールにまで並んだメーター類、肉厚の薄いモノフォルム・バケットシートによる低めの着座位置、黒を基調にした内装色などなど、ＧＴ-Ｒの室内はいまどきのクルマには珍しいアナクロ趣味に溢れ、思わずギャランＧＴＯだとか、Ｊラインのバイオレットだとかいった70年代のスポーティカーを想起させられてしまう。おどろおどろしい外観のイメージを室内に持ち込むと、必然的にこうなってしまうのかもしれないが、５００万円のクルマなら、もう少し大人びた、品のよいインテリアにできなかったものか。

たとえば、シルビア以降の日産車が好んで内装に使うテラテラした黒のプラスチックは、いかにも安っぽいし、いま流行りのエクセーヌ（バックスキンふう合成繊維）も、濃い色だとなんとなくうす汚れて見えて、かえって高級感をそぐ。

その点、明るいグレーの内装生地でしつらえられたＧＴＳ-ｔのインテリアは、より乗用車的にまっとうである。ただし、「走りの復活」を旗印に、旧型より全長を7〜13cmも削った8代目スカイラインは、このセダンでも後席の居住性はクーペと変わらず、大の大人には少々窮屈だ。とくに、オプションのサンルーフを備えたＧＴＳ-ｔはヘッドルームもギリギリだった。

だから逆に言うと、リアシートが狭いからという理由で、ＧＴ-Ｒ購入をあきらめ（させ）ることもできない。

乗り心地は、常識的に判断するとＧＴＳ-ｔのほうがいい。ＧＴ-Ｒの足まわりも、そのズバ抜けた操縦性とのバランスを考えれば、十分に快適な乗り心地を確保していると言うべきだが、やはり速度を問わず、ややゴツゴツしがちだ。

ボディの剛性感はＧＴ-Ｒのほうが高い。強固な鉄の殻が細かい振幅で上下に揺すられる感覚は、ちょっとポルシェ９１１の乗り心地に似ている。それに較べると、ＧＴＳ-ｔの乗り心地は軽快かつマイルドで、路面からの突き上げはよく抑えられている。

勝者

日産スカイラインGT-R
日本車の集大成

今回のイッキ討ちのテーマは、簡単に言ってしまうと、フツーのスカイラインに果たしてどれくらい〝GT-Rが入っているか〟ということである。

1989年5月に登場した8代目スカイラインは非常に評判がいい。そのなかでも、シリーズの頂点に位置するGT-Rは、どこで取り上げられても絶賛の嵐である。実際、このクルマは、これほどの高価格にもかかわらず、発売早々にして89年の生産台数をすべて売り切ってしまうほどの人気で、最近は都内でもかなり頻繁に見かけるようになった。

けれど、そうなると、生来の天邪鬼が顔を出す。同じ車名のクルマなら、もっと安い普通のスカイラインにだって、GT-Rの要素が入っているのではないか。GTS-tでも、けっこうGT-Rの凄さが味わえるのではないか。

そもそも、高いクルマのはうがイイのは当たり前である。だから、少々エコヒイキしてでも、GTS-tのほう、つまり普通のファミリーマンの選択のほうに味方したい、というつもりで臨んだ今回のイッキ討ちだったのだが、結論は次のとおりである。

GTS-tはGT-Rの代わりにはならない。少しでもGT-Rがいいなと思ったら、頑張って貯金をして、思いを遂げたほうがいい。やっぱりGT-Rのほうがイイのである。

というか、直接、乗り較べてしまうと、さしものGTS-tも全体に薄味に感じられて、ほとんど印象に残らなかったと言ったほうが正しい。いいとか悪いとかいうよりも、とにかくGT - Rは味が濃い。インパクトの強いクルマなのである。

各論でも書いたとおり、両者のインパクトの差が明確になるのは、山道を走らせたときだ。心臓も脚も目いっぱい使って飛ばすと、GT - Rはドライバーの血をたぎらせる。このクルマの足まわりは、280 psに責任を負うだけでなく、280 psの自由も謳歌させてくれる。最先端のハイテクを使いながら、人間にイイ汗をかかせてくれる。しかも、限られた一部の人だけでなく、多くの人にだ。そこがこのクルマの凄さである。大げさに言えば、壮大な火山の噴火を、間近で安全に見せてくれるようなクルマである。

そんなスペクタクルを、すべての人に間近で見せるのが果たしていいのか、という議論もあろうが、とりあえずそっちの方向、つまり、人民の、人民による、人民のための高性能車路線で、これまでひたすら切磋琢磨してきたのが日本のクルマの来し方である。GT - Rの出来ばえを知って、すべての人が驚嘆したのは、このクルマに日本車の集大成のようなものを感じたからだろう。

一方のGTS - tは、たしかに静かで速いスポーツセダンではあるけれど、残念ながらGT - R的なスペクタクルは味わえない。その意味で、この2台は廉価版と上級版との関係があるわけではない、まったく別のクルマといっていい。

だから、いったいぜんたい、今度のGT - Rを、なぜGT - Rの名で出さなければならなかったのか、これほど性格の違うスカイラインに、スカイラインの名前を与える必要があったのか、ぼくは疑問に思う。スカイラインとは別のブランドで、もっと品のいい、開けた内外装を与えていれば、このクルマは堂々と世界のマーケットで通用したはずだ。

月々5万円で買える若者向き外車

オースチン・ミニ

オースチン・ミニ：全長×全幅×全高＝ 3055 × 1440 × 1335mm ／ホイールベース＝ 2035mm ／車重＝ 680kg ／エンジン＝1 ℓ直 4OHV（42ps/5250rpm、6.8kgm/2600rpm）／トランスミッション＝ 4MT ／駆動方式＝ FF ／乗車定員＝4 名／価格＝ 165 万円

アウトビアンキ Y10

アウトビアンキ Y10：全長×全幅×全高＝ 3390 × 1510 × 1410mm ／ホイールベース＝ 2160mm ／車重＝ 780kg ／エンジン＝1 ℓ直 4SOHC（45ps/5000rpm、7.8kgm/2750rpm）／トランスミッション ＝ 5MT ／駆動方式＝ FF ／乗車定員＝ 4 名／価格＝ 138 万円

オースチン・ミニ VS アウトビアンキY10

どんなクルマか？

オースチン・ミニ
元祖FF大衆車

1988年10月4日、81歳の生涯を閉じたアレック・イシゴニスの遺産。1959年の登場からすでに30年たつ今も生産の続くミニ1000の日本仕様。

ギアボックスをエンジン直下に置くイシゴニス方式でパワーユニットを小さくまとめ、日本の軽より15cm短い全長のなかで、可能な限り広い居住空間を実現したFF大衆車の元祖ともいえる。42psの4気筒は、いまなおSUキャブレター付きのOHV。足まわりのスプリングも、金属バネではないラバーコーン方式。快適性には進歩の跡が見られるが、機構そのものはデビュー当時とほとんど変わっていない。

日本での人気は急上昇している。88年に入ってからの月平均500台強という販売台数は、ボルボを軽くしのぎ、1ℓクラスの輸入車では断トツのトップを走る。年間販売台数も、昨87年の倍に当たる7000台に届くのではないかとARJ（オースチン・ローバー・ジャパン）は見ている。

価格は165万円。諸経費込みの合計金額を36回均等払いローンで組むと、月々5万7000円で買える。

アウトビアンキY10
輸入車最安値

アウトビアンキA112の後を継ぐ小型ハッチバック。登場は1985年。いまやトップモデルにフェラーリを置くフィアット・グループでは、ランチア系列で売るベーシックモデルとしての役割を担う。

タイプは何通りかあるが、廉価版の〝ファイア〟をベースにしたこのモデルは、スポーツ衣料品メーカーの〝FILA〟が内外装にオリジナルのカラーリングを施したもの。45psのエンジンはY10用に開発された軽量低燃費設計の4気筒SOHC。フロアパネルとサスペンションの一部をフィアット・ウーノと共用する。

個性の強すぎるスタイルのためか、日本でのY10人気はいま一歩で、販売台数は月平均約30台。そのうち、フィラの比率は1割ほどだという。そんな状態にカツを入れるためか、JAXカーセールスが先ごろ値下げに踏み切った新価格は、輸入車としては最も安い138万円。

ミニと同じく、標準状態ではラジオも付かないが、36回ローンを使うと、諸経費込みでも月々約5万円の支払いで手に入れることができる。

どちらが速いか？

アナログ・ミニ。軽快Y10

車重680kgで42psのミニに対して、780kgで45psのY10。どちらも馬力荷重は似たようなものだが、実際に乗り較べると、現代的な軽快感を持つY10のほうがひと回り速い。タイヤ径が1サイズ小さい12インチだからというわけでもなかろうが、やはりミニのほうは短足でチョコマカ走っているような感じがする。

とはいえ、ミニのエンジンは80年代後半を生きる我々を感心させるにはまだ十分だ。というよりも、ここ数年、ボディの遮音が改善され、ボンネット内からの騒音が以前より格段に低くなったおかげで、いまや(?・)このOHVユニットは古さを感じさせない、と言ってもいい。

唯一、時代を感じさせるのはレッドゾーンが5800回転から始まることだが、そのかわり、そこ

オースチン・ミニ VS アウトビアンキY10

までは掛け値なしになんの淀みもなく滑らかに回り、回せば回すだけ力も湧く。パワフルではないが、レスポンスは素晴らしく、アクセルを踏めば即座にビクンと反応する。滑らかとはいっても、鉄の部品が回転し、お互いにこすれあうカラクリの感触はちゃんとある。人間におよそ疎外感のようなものを与えない気持ちの良さがあるのだ。電子の突風が吹きすさぶような最近の国産ターボの吹け上がりに馴らされていると、やはりそのへんのアナログ感覚が実にうれしくもあり、新鮮でもあるエンジンだ。

一方、Y10のエンジンはただただ活発で軽快なのが身上。タコメーターがないのをいいことに、かまわずアクセルを踏みつけると、天井知らずの勢いで軽々と回る。パワーは日本の高性能軽自動車より20psも非力だが、フルスロットルとギアチェンジ大安売りのラテン的作法にならえば、パワー不足を感じることはない。

ただし、陽気な音質だから気にはならないとはいえ、ウォーンというエンジン音のボリュームは回転の全域でミニより大きい。ミニのエンジンに感じられる「様式」のようなものともいっさい無縁。とにかく理屈抜き。イタリアのわけェやつらが大声ではしゃいでいるような、若々しくてエネルギッシュなエンジンだ。

どちらが楽しいか？

古くても楽しいミニ あくまで今風のY10

どちらも運転していて退屈するようなクルマではない。だが、他車では得られないワン・アンド・オンリーの楽しさという見方で選ぶと、軍配はミニに上がる。Y10の楽しさは、国産車だと三菱ミラージュあたりでも味わえる種類のものだ。

ミニの操縦性はとにかくダイレクトの一語に尽きる。足まわりにおよそしなやかな印象はないが、そのかわり、路面からの情報も、あるいはドライバーの入力に対する反応も、すべてが直接的。アスファルトの上を、靴を脱ぎ捨てて裸足で駆け出すような楽しさがある。

運転している限り、ロールもピッチングもほとんどなく、コーナーを、面ではなく点でクルッと回る感じだ。ハンドルにもブレーキにも無駄な遊びはない。手足の操作に、いずれも高い剛性感を伴ないながら鋭敏に反応する。エンジンが非力な分、Y10より遅いが、レーシング・カートやBMXを思わせる操縦感覚にはY10とは次元の違う楽しさがある。とにかく山道を走っていると、運転がキマる。ドライバーも楽しいがクルマも楽しんでるんじゃないかと思わせるのがミニの操縦性だ。

一方、Y10の足まわりはずっと現代的である。ハンドルはミニより軽く、FFの癖も少ない。操縦感覚はひとことで言えば軽快。バネは柔らかめで、ストロークもたっぷりあり、大きめのロールで肩から突っ込んでいくようなコーナリングにはフランス車的な感覚がある。

ダイレクトなだけに緊張感もあるミニに対して、Y10の操縦性は安全第一だ。オーバースピードでカーブに突入しても、アンダーステアが強まって速度が落ちるだけだから、それ以上はなにも起らない。旋回中にアクセルを急に離しても姿勢変化は小さく、ドライバーのミスや無茶に対して非常に寛大な、良く出来た足まわりだ。Y10で山道を走るのも、口笛を吹きながらスキップをしているようでまた楽しい。だが、ミニと較べると、ずっと乗用車的なのもたしかだ。乗り換えるたびに、やっぱりこれは普通のクルマなんだなァと思う。

オースチン・ミニ VS アウトビアンキY10

どちらが居心地がいいか？

ミニの乗り心地はツライ 格段に快適なY10

88年型のミニに乗るのは初めてだったが、室内があまりにも高級になっているので驚いた。

コーヒーカップのような運転姿勢こそ昔のままだが、内装はシングルメーター時代とはもはやまったく別物。ダッシュボードは樹脂製ながら一丁前の質感を出しているし、ドアのパネルは暖かそうなパッドで被われ、床には厚い絨毯が敷き詰められている。特徴的なギアノイズが聞こえなくなったのにもこれで納得がいく。とにかく室内に「最低の充分」だった昔日の面影はない。日産Ｂｅ－1のほうがよっぽど昔のミニ的かもしれない。

だが、たとえ老婆の厚化粧ではあっても、これが時代の流れというものなのだろう。もうひとつ驚いたのは、乗り心地がまるで空荷の軽トラックのようにポンポン跳ねることで、これは今までに乗ったどんなミニよりもひどかった。座棺姿勢を強いられるミニの場合、上下の振動は直接、脳天に響くからツライのだ。

一方、恥ずかしいくらい真っ赤なシートを除けば、Y10のインテリアはミニよりずっと簡素である。鉄板の露出部分はむしろこちらのほうが多いくらいだし、内装の黒いプラスチック類はプラスチックにしか見えない。いかにも安いイタリア車的な雑な工作も散見されるが、実際この値段では文句も言えまい。

とはいえ、居住性はY10のほうがはるかに優れている。広さは大人4人を乗せるには十分。天井が高く、窓面積の大きい室内には、ミニにはないイマ流の開放感がある。さらに、柔らかめの足まわりによる乗り心地の良さは、快適性の点でミニに決定的な差をつけるところだ。

勝者

古典に感動するなら、若いうちがいい

オースチン・ミニ

つい半年ほど前まで、ぼくはフィアット126という、世界で最も小さく、最も非力な、そしてたぶん最も運転の難儀なイタリア車に乗っていた。デビューは1972年。ボディは昔のスバル360とほぼ同寸。空冷2気筒はたったの24psだから、当然、加速は苦手。4輪ともドラム・ブレーキだから、止まるのも苦手。ホイールベースの短いリアエンジンだから、まっすぐ走るのも苦手。じゃあ、どうしたらいいんだ！　という悲惨なクルマで、たとえば高速道路なんかをこれで走るのは、実にタイヘンなことだった。

だが、そのおかげで、ひとつ大切なことをこのクルマから教わった。それは、クルマが加速したり、曲がったり、止まったりするのは、そもそもすごくタイヘンなことなのではないか、ということである。いまのクルマは、そうしたことをなんの苦もなくやってのけてしまう。しかし実は、100km／hという速度そのもの、それでまっすぐ走ること、そこから制動すること、それらのタイヘンさ、言いかえれば、それらの本質的な意味や重さは、なんら変わっていない。進歩した機械が、そのタイヘンさを人間の代わりに背負ってくれているだけの話で、タイヘンさそのものの総量は今も昔もまったく同じなのである。

現代のクルマが楽チンなのは、自然の摂理や物理法則を、それだけ冒瀆したり、蹂躙したりしているからだ。それが文明というものだろうが、そういうタイヘンさをヌクヌクした室内で能天気に忘れているから、

オートマチック車が暴走すると、もうパニックになってしまう。そんなこんなを、まるで望遠鏡を逆から覗くように見せてくれたのが、あのちっぽけなフィアットのタイヘンさだった。

古いクルマには、今と昔とをショートさせてイマジネーションの火花を散らせるような効果がある。それは教育的効果である。というわけで、若い人でも比較的、気軽に買える外車、というコンセプトで選んだ今回の2台、迷わずお薦めしたいのはミニのほうである。Y10もお買い得なクルマだが、お買い得だという以外、いまひとつクルマそのものに決定的な魅力を欠く。というか、よりによってミニでは、相手が悪すぎた。

ミニの最も大きな魅力は、煎じ詰めれば、その古さにある。新車のくせに、最初から30年分の年輪が刻まれている。実はこれほどお買い得なことはない。古いといったって、いまのクルマにできて、ミニにできないことはないと言ってもいいし、ぼくが乗っていたフィアット126とは較べるのも失礼なくらい、洗練度も実用性も高い。

しかし、それでもやっぱりミニには、古いクルマならではの様式がちゃんとある。細心の注意を払うとか、丁寧に扱うとか、クルマを運転するのに本来あたりまえに必要な手続きや手順を、ミニは自然に教えてくれる。ズボラな運転を許すか許さないかは別にして、無意識のうちにズボラな運転を控えさせる作用、それがミニの様式の中にはあると思う。だから、ぼくはミニに乗ると、いつもパッチリ目が覚める。家も財産も投げうって、心機一転、これから再スタートするんだゾ、というような新鮮な気持ちになる。

基本設計が30年前の新車に乗るということは、つまり30年間の歴史に乗るということだ。癖はあるが、それは30年間ものあいだ淘汰されなかった筋金入りの癖である。

FF大衆車の古典なら、古典はなるべく若いうちに読んでおいたほうがいい。ひょっとして感動するかもしれないとしたら、感動は少しでも若い頃に味わっておいたほうがいい。

だから、若者よ、一度はミニに乗れ。

ロータス対ホンダ!?
2台の国産FFスポーティ車を較べる

いすゞジェミニZZ ハンドリング・バイ・ロータス

いすゞジェミニ3ドアZZ・ハンドリング・バイ・ロータス：全長×全幅×全高＝3995×1615×1370mm／ホイールベース＝2400mm／車重＝960kg／エンジン＝1.6ℓ直4DOHC（135ps/7200rpm、14.3kgm/5600rpm）／トランスミッション＝5MT／駆動方式＝FF／乗車定員＝4名／価格＝155万1000円

ホンダCR-X・Si

ホンダCR-X・Si：全長×全幅×全高＝3755×1675×1270mm／ホイールベース＝2300mm／車重＝910kg／エンジン＝1.6ℓ直4DOHC（130ps/6800rpm、14.7kgm/5700rpm）／トランスミッション＝5MT／駆動方式＝FF／乗車定員＝4名／価格＝149万8000円

いすゞジェミニZZ VS ホンダCR-X・Si

どんなクルマか？

いすゞジェミニZZ
ロータス風味

″イルムシャー″に続く外国ブランド利用路線第2弾の高性能ジェミニ。いすゞの依頼を受け、足まわりのチューンを同じGM傘下にあるロータス・エンジニアリング社が担当。ダンパーやバネレートのセッティングに、約半年間で練り込まれたロータスの味つけが施されているという。

135psを発生するエンジンは、新開発の1・6ℓDOHC。いすゞ初の4バルブ4気筒は、噂の次期ロータス・エランに積載される可能性が高い。

1988年2月22日のデビュー以来、復活ZZ（ダブル・ズィー）の販売立ち上りは上々で、3月末現在、500台の月販目標に対して、すでに2000台を越す注文があるという。

パワーステアリング、レカロ・シート、モモ・ステアリング、リア・スポイラーなどが標準装備。価格は120psのSOHCターボを積むイルムシャーよりやや高く、この5段MT付き3ドアで、155万1000円。

ホンダCR-X・Si
スタイリッシュでスポーティなハッチ

1987年夏のフルチェンジで″バラード″の名が外された2代目CR-Xの高性能モデル。CD＝0・30を謳うスタイリッシュな3ドアボディに、130psの4バルブDOHCを搭載。上級車路線に転じつつある最近のホンダ車のなかでは、最もスポーティな雰囲気を感じさせる小型FFハッチバックである。足まわりはシビックと共通で、前後ともにホンダお得意の、コンパクトなダブル・ウィッシュボーンが採用されている。

デビュー以来、販売は好調で、計画の1500台を上回る月販約2000台をコンスタントに記録している。アメリカでも月に5000〜6000台のペースで売れる人気ホンダ車である。

CR-Xには1.5ℓのSOHCモデルも用意されているが、それより24万円高いSiのベース価格は149万8000円。オプションのパワーステアリング、パワーウィンドウ、電動サンルーフなどを装備したテスト車は165万3000円になる。

どちらが速いか？

豪快なZZ。4スト・バイク的CR-X

車重とパワーの関係を考えると、両者の速さはほとんど互角のはずだが、今回はずいぶんとジェミニの元気の良さが目立った。CR-Xもむろん遅いクルマではないが、以前乗った別の広報車のエンジンは、もっとトルクが太く、力強かった。いずれにせよ、広報車というのはあまりアテにならない。買う人は、必ずディーラーで試乗するように。

ZZ最大の魅力は、いすゞがつくったこのエンジンである。レッドゾーンの始まりを7700回転の高みに置くのはダテではなく、実際はカットオフの効く8300回転まで軽々と回り、回せば回すほどおもしろい。しかもレスポンスにすぐれ、アクセルのほんのわずかな動きにも即応する。ただし、音は全般に大き目で、高回転ではかなりうるさい。回転に緻密さがあったり、上品だったりするわけではなく、むしろその逆だが、「エンジンだァ!」と叫びながら回る70年代的ノスタルジーには溢れている。

一方、CR-Xのエンジンは、まごうかたなきホンダ・ユニットである。前述したように、テスト車にはいま一歩、元気が感じられなかったが、基本的には、例によってモーターのように滑らかに回る、4ストローク・バイク的なエンジンだ。ZZのようにドラマチックで豪快な魅力はないが、そのかわり、はるかに上品で、洗練されている。CR-X全体のパッケージングの一要素として考えると、余人（?）を以て代えがたいエンジンである。

どちらが楽しいか？

期待外れのZZ
カート的ダイレクト感のCR-X

ロータスの息がかかった足まわりを持つとあらば、誰でも新生ZZの操縦する楽しさには、大きな期待を抱くだろう。だが、結論を急げば、その点に関して、このクルマはかなり期待を下回ると言わざるを得なかった。

ZZには、ブリヂストンが専用に開発したRE88という60%扁平ラジアルが標準装着される。しかし、山道を勢いよく走ると、このタイヤはサイドウォールの半分くらいまで接地して、容易に腰くだけの状態になってしまう。コーナーの途中でアクセルを戻すと、テールはニュルっという感じでかなり大きく流れる。そんな状況でも、まったく安定が損なわれないのは立派だが、いかにしても前輪の腰くだけ病がたたって、コーナリング・スピードは決して高くなく、運転していても大味で楽しくない。ステアリングを切り込んだ時の感触が、とらえどころなくグニャっとしているのも、おそらくタイヤのサイドウォールが柔らかすぎるためだろう。

とにかく、このハンドリング・バイ・ロータスの足まわりには、全体にシャキッとしたところが足りない印象を受けた。これでは、せっかくのいすゞ製新型ツインカムが泣く。

一方、CR-Xの足まわりは、ZZと較べるとはるかにスポーツカー然としている。平べったいボディからも察しのつくとおり、サスペンション・ストロークは小さく、荒れたコーナーを駆け抜けると、ピョンと横飛びしたりして、けっこうコワイ。飛ばすに従って、綱渡りのロープの幅が急激に細くなるのだ。

実際、足まわりに、ZZほどの抱擁力はない。軽すぎるハンドルやブレーキも、もう少し手応えを与えたほうがいいと思う。つまりCR-Xも欠点を挙げていけば少なくないのだが、しかし、だれが乗っても、スポーツカーの雰囲気、レーシング・カートのダイレクト感が味わえてしまうのが、このクルマのマジックであり、魅力である。場面を問わず、運転して楽しいのは、CR-Xのほうだ。このクルマには、だれにでもわかりやすい楽しさがある。

どちらが居心地がいいか？

ZZは言い訳不要のファミリーカー 雰囲気で目をくらませるCR-X

ZZは、4ドア版とまったく居住性の変わらない3ドアセダン。CR-Xは、完全に2人のための遊びグルマである。

いすゞジェミニZZ VS ホンダCR-X・Si

堅いレカロのシートに座り、モモのハンドルを握っても、ZZの室内に漂う雰囲気は完全に乗用車のそれだ。後席の広々感もセダンと大差なく、このクラスの3ドアとしては最も使い勝手に優れる。

インテリアも、日本のスポーティ車にありがちなゲビたところがなく、好感が持てる。乗り心地は、低速でやや硬いが、速度を上げるにつれてよくなるタイプで、快適性全般に関して言えば、家庭用として選ぶのに、それほど言い訳をしなくてすむスポーティカーである。

一方、ZZから乗り換えると、CR-Xはつくづく浮世離れしていると思う。後席の実用性を捨てたおかげで、2人のための前席空間は、思いのほか、広々としている。アイポイントは低く、ドライバーは脚を水平に伸ばしたスポーツカー姿勢に落ち着く。

しかし、デートカー的な雰囲気は十分でも、快適性はあまり大したことはない。前述したように足まわりは狭量だから、路面が悪くなったり、スピードを上げたりすると、乗り心地は途端に悪くなる。逆境に弱い都会っ子のようだ。ボディの剛性感も、最新の国産車のレベルからすると、十分とは言えない。

ひとことで言えば、実用性のZZに対して、雰囲気のCR-Xである。両車の居心地の好悪は、そのどちらに優先順位を与えるかによって決まる

勝者

ホンダCR-X・Si

ロータスに頼ったいすゞより、ホンダの自信作

学生時代、友人に不正乗車の名人というのがいた。バスの定期を使ったり、ワケのわからない紙の切れはしを見せたりして、電車の改札口を通過してしまう。お金がなかったわけではない。おもしろがってそういうことをやるふてェやつだった。見ているこっちはハラハラしたが、でも、けっして見つからない。秘訣を聞くと、とにかく自信をもってやることだと言った。キョロキョロ、オドオドせず、自信をもつて、堂々と改札を抜けるのがコツだと言った。久しく音信の途絶えていた彼の消息を、最近、別の友人から聞いて驚いた。不正乗車の名人は、いまマルサの男をやっている。

遠い親戚、ロータスに足まわりのチューンを委ねたジェミニZZ、かたやF1の舞台でロータスと組むホンダのCR-X。ロータス対ホンダのイッキ討ちで今回、感じたのは、自動車メーカーの持つ〝自信〟についてだった。

ZZから目を移すと、異様に低いボディを持つCR-Xは、そのスタイリングがすべてを決定しているクルマである。なにしろこれだけ上下に薄いボディを持つわけだから、サスペンション・ストロークは自ずと限られる。足まわりはお世辞にもしなやかとは言えず、操縦性も乗り心地も、第一級ではない。

だが、不足気味のサスペンション・ストロークがもたらすピリピリした操縦性や、ダイレクトな乗り心地が、このクルマをスポーティ車に感じさせているのも事実だった。さらに、地を這うような低い重心感覚が、このスタイリングの直接的な産物であることは言うまでもない。

つまり、美点も欠点も、突き詰めると、低いボディにこだわったところから生まれている。欠点はあっても、それがどこかで美点とリンクしている。「ンナこたァ、わかってる。とにかくウチはこれでやってんだ！」という、つくる側の自信が、CR-Xからは強く感じられる。とくに奥が深くはないが、そのかわり、スポーツカーの恰好をしたこのクルマには、まるで掌の上で転がせるオモチャのような魅力がある。〝〜っぽさ〟や、〝〜的〟を好むアメリカ人にウケたのも、たぶんそのへんだろう。

一方、ハンドリング・バイ・ロータスのZZは、肝腎の足まわりが期待外れだった。ライブハウスで密かな人気を集める過激な芸人を、NHKが画面に登場させたら、ぜんぜんおもしろくなかった、という感じである。カローラFX-GTの洗練された速さも、ミラージュFFサイボーグのハチャメチャな楽しさもない。ロータスが何をしたかったのか、いすゞが何をさせたかったのか、それが判然としない足まわりである。

ロータスの開発主眼は「安全で、コントローラブルなこと」だったというが、人生にだって、もう少しスリルがあったほうがおもしろい。エンジンがいいだけに、とても惜しい。

それにしても、月販5000台程度のジェミニ・シリーズの中に、ドイツのイルムシャーと、このロータスという、外国製ブランドのシャシー・チューニング・モデルが2つあるというのは、どんなもんだろうか。これでは本家いすゞのサスペンション開発者が、やる気をなくしはしないだろうか。

ジェミニZZの後席に身長175cmの計子ちゃんを乗せる。前席は170cmのドライバーに合わせた状態。頭上にも足下にもまだ余裕がある。

犬も参るから、ワンマイル・シート。CR-Xの後席はあくまでシートの形をした物置き。それでも大切な荷物を載せるには十分である。

あとがき

『NAVI』で〝イッキ討ち〟を始めたのは、1980年代後半である。その後、しばらくの中断を経て、2005年6月号から再スタートした。現在に至る再開分から自選した25本と、初期のものから厳選した5本とを合わせて収録したのが、この本である。

新車で買えるクルマすべてに、ひとりの評者がイッキに乗ってみる。実際には、試乗車として国産メーカーや外車インポーターが用意しているクルマを片っ端から試乗する。いわばワイン・テイスティングや利き酒会のロード・インプレッション版。たくさんのクルマにそんな方法で試乗すると、つくったメーカーの個性や特徴、あるいは、生産国のお国柄などが浮き彫りになるのではないか、と考えて、85年にNAVI誌上で「イッキ乗り」を始めた。

それに対して、イッキ討ちは2台の比較テストである。自動車専門誌の企画としてはありふれたものだが、物騒な名前をつけるからには、引き分けはナシ、必ず白黒をつける、というのが当初からの決めごとだった。クルマのよしあしで決着がつけられなかったら、好き嫌いで決める。振り返ってみると、時代が新しくなるにつれて、好き嫌いで決める対決が多くなったように思う。それはつまり、よしあしで差がつきにくくなったということだろう。

ハードの性能が均質化した結果、いまのクルマは白物《しろもの》家電化が進んでいる、とよく言われる。間違ってはいないが、そう言ったら、後ろ向きだ。クルマはすでに、評論の対象として、音楽や映画に近いものになっていると考えたい。

担当編集者が「イッキ討ちクラシック」と名づけた初期バージョンはもちろんのこと、現行モデルを扱った25本50台についても、価格や車両のスペックはすべて取材時のものである。とくに欧州車の場合、最近のユーロ高を受けて、価格改定が行われているケースが多い。バイヤーズガイドとしては親切心を欠くかもしれないが、あえてデータのアップデイトはしていない。自家用車の保有年数の平均が6年に迫りつつあることを考えると、旧型とは言わないまでも、マイナーチェンジ前のモデルについて知りたいという人も多いのではないか。

イッキ討ちクラシックの選には洩れたが、1988年7月号でVWゴルフ（2代目）とトヨタ・カローラ（6代目）を対決させたときは、どう理屈をこねても勝者を決することができなかった。ゴルフは「最後の質実剛健ゴルフ」とも呼ぶべき、背筋の伸びたいいクルマだったし、カローラもとくにこの6代目は進歩の歩幅が大きかった。好き嫌いの判断もつきかねて、困った挙げ句、結局、NAVI編集部の長期テスト車として、2台を購入してもらうことになった。

連載初期に後席の広さを測るモノサシとして、マネキン人形を使っていたことがある。毎回、それぞれのクルマのリアシートに座らせて、比較写真を撮った。目も鼻もついていない、全身、真っ黒のマネキンだったが、それだと写真ではつぶれてしまうので、ヨメさんから借りたスカーフを頭に巻き、白いワンピースを着せた。膝まわりや頭上の空間を計測する人形だから、「計子ちゃん」と名づけた。身長175㎝。黒人のスーパーモデル体形である。

いつも誌面に登場する重要人物だったのに、なぜかNAVI編集部では預かってもらえず、仕方なく、ふだんは自宅の仕事部屋に保管した。気をつけてはいたのだが、ある日、帰宅して、試乗車から計子ちゃんを運び出し、お姫様ダッコのかたちで抱きかかえて家に入るところを、子どもに見られてしまった。当時、2歳か3歳だった息子の顔がフリーズしたのを覚えている。今年、大学生になる彼が、人一倍コワがりなのは、イッキ討ちのせいかもしれない。連載も長く続けていると、いろいろなことが起きる。

単行本化にあたっては、NAVI編集部の吉岡卓朗さんにお世話になった。例月号の取材や原稿書きに加えてのハードワークでも、けっしてパニックに陥らなかったのは、さすが大学自動車部出身のWRCラリー・ドライバーというほかない。ありがとうございました。

2008年2月　下野康史

初出一覧

本書は、『NAVI』の連載「イッキ討ち」を著者が自選し、加筆・修正したものである。

p007 メルセデス・ベンツ C200 コンプレッサー 対 BMW320i ―― 2008年1月号
p015 三菱ランサーエボリューションX 対
スバル・インプレッサ WRX・STI ―― 2008年2月号
p023 日産スカイライン 350GT 対 レクサス IS350 ―― 2007年4月号
p031 マツダ・デミオ 13C 対 ダイハツ・ムーヴ・カスタム RS ―― 2007年11月号
p039 日産フェアレディ Z・バージョン NISMO 対
ロータス・エリーゼ S ―― 2007年6月号
p047 ボルボ C30 T-5 対 プジョー 207GTi ―― 2007年10月号
p055 ホンダ・シビック・タイプ R 対 ルノー・メガーヌ RS ―― 2007年8月号
p063 シボレー・コルベット Z06 対 クライスラー 300C・SRT8 ―― 2006年10月号
p071 トヨタ MR-S 対 マツダ・ロードスター RHT ―― 2007年9月号
p079 BMW335i クーペ 対 アウディ TT クーペ 3.2 クワトロ ―― 2007年1月号
p087 マツダ・ロードスター RS 対 マツダ・RX-8 タイプ S ―― 2005年11月号
p095 アルファ・ロメオ 159 2.2 JTS 対
アルファ・ロメオ・ブレラ・スカイウィンドウ 2.2JTS ―― 2006年8月号
p103 トヨタ・ノア 対 シトロエン C4 ピカソ ―― 2007年12月号
p111 ハマー H3 タイプ G 対 トヨタ・ハリアー・ハイブリッド ―― 2006年4月号
p119 三菱デリカ D：5 対 ホンダ・クロスロード 18X ―― 2007年7月号
p127 サンヨー・エナクル 8 対 トヨタ・プリウス ―― 2008年3月号
p135 シトロエン C6 エクスクルーシブ 対
シトロエン C5・V6 エクスクルーシブ ―― 2007年2月号
p143 ダイハツ・ソニカ RS 対 三菱 i ―― 2006年12月号
p151 ルノー・ルーテシア 対 フィアットグランデプント ―― 2006年11月号
p159 ダイハツ・ブーン X4 対
三菱コルト・ラリーアート・バージョン R ―― 2006年9月号
p167 フォルクスワーゲン・ゴルフ GT・TSI 対 トヨタ・オーリス 180G ―― 2007年3月号
p175 フォルクスワーゲン・ゴルフ R32 対 BMW130i ―― 2006年6月号
p183 フォルクスワーゲン・ゴルフ GTI 対
ルノー・メガーヌ RS ―― 2005年7月号
p191 シトロエン C4 クーペ 2.0VTS 対
アルファ・ロメオ 147 2.0 ツインスパーク ―― 2005年10月号
p199 ポルシェ・ボクスター S 対 ポルシェ 911 カレラ（996型）―― 2005年9月号
p209 ポルシェ 911 カレラ 2 対 アルピーヌ V6 ターボ ―― 1990年12月号
p217 トヨタ MR2 対 ユーノス・ロードスター ―― 1990年4月号
p225 日産スカイライン GT-R 対 日産スカイライン GTS-t ―― 1990年3月号
p233 いすゞジェミニ ZZ 対 ホンダ CR-X・Si ―― 1988年6月号
p241 オースチン・ミニ 対 アウトビアンキ Y10 ―― 1989年1月号

撮影

茂呂幸正
P23、P63、P79、P87、P95、
P111、P135、P143、P151、
P159、P167、P175、P183、P199

菊池貴之
P7、P15、P31、P47、P55、P71、
P103、P119、P127

清水勇治
P225、P241

小川義文
P233

奥隈圭之
P191

小林稔
P39

林敏一郎
P209

守屋裕司
P217

下野康史《かばたやすし》

1955年生まれ。『CAR GRAPHIC』『NAVI』（いずれも二玄社）の編集記者を経て、88年、フリーの自動車ライターとなる。『NAVI』創刊メンバーで、現在は『NAVI』のほか、『ENGINE』『JAF Mate』など、多くのメディアで執筆中。専門用語ではなく、誰でも分かる言葉で、その自動車を表現する〝言葉〟のテクニシャン。趣味は自転車で、東京から新潟まで300kmを走破する脚力の持ち主。最近の主な著書に『イッキ乗り――いま人間は、どんな運転をしているのか？』（二玄社）『新説　軽快小型車――だから、小さいクルマに乗るのがいい！』『図説　絶版自動車――昭和の名車46台イッキ乗り』（いずれも講談社＋α文庫）などがある。

イッキ討《う》ち　勝者はどっち!? ライバル車徹底比較

発行日	2008年3月7日初版発行
著者	下野康史
発行者	黒須雪子
発行所	株式会社二玄社 〒101-8419　東京都千代田区神田神保町2-2
営業部	〒113-0021　東京都文京区本駒込6-2-1 電話03-5395-0511
URL	http://www.nigensha.co.jp
デザイン	泰司デザイン事務所
題字	花田濤雲
印刷	シナノ
製本	越後堂製本

ISBN 978-4-544-04349-5